RÉCHAUFFEMENT CLIMATIQUE, MIGRATOIRE ET SES EFFETS

Effets des changements climatiques sur

Habitat

Archer Buckley

Contenu

Chapitre 1 Réchauffement climatique, migration et acclimatation

Le changement environnemental est connu comme le pari le plus sérieux pour la réalisation des objectifs du Millénaire pour le développement. Il y a de plus en plus de preuves que les changements environnementaux se transforment en un moteur supplémentaire de délocalisation, à la fois à l'intérieur et au-delà des frontières. En raison des démarrages lents, les facteurs environnementaux communiquent avec d'autres facteurs clés, notamment l'absence de travail respectable et de portes ouvertes sur le potentiel commercial, la faiblesse de l'administration et la sauvagerie intercommunautaire, etc. Les zones qui utilisent le plus de main-d'œuvre sont également probablement les plus sans défense contre les changements environnementaux. Au moment où les moyens de subsistance sont compromis et au cas où l'endurance serait en cause, les individus se déplacent à la recherche de meilleures portes ouvertes. Il s'agit d'une tendance à la hausse, en particulier chez les jeunes.

En ce qui concerne les changements environnementaux, le mouvement est le plus souvent considéré comme une déception de transformation. Néanmoins, la relocalisation peut être une réaction polyvalente importante pour les personnes confrontées à des changements écologiques ou à des calamités à début lent. L'expérience antérieure de l'OIT a montré que la relocalisation du travail, lorsqu'elle est administrée en accord avec les normes de travail mondiales, peut jouer un rôle important dans l'avancement des deux nations de départ et d'objectif.

Le mouvement du travail peut être utilisé pour renforcer les réseaux à travers l' âge des colonies, l'échange d'informations et de capacités et l'avancement des organisations qui peuvent stimuler les entreprises et les nouveaux secteurs commerciaux. Dans le cas où les voyageurs traversant les frontières en raison de variables liées à l'environnement peuvent le faire par des voies protégées et ordinaires et peuvent arriver à concevoir des portes ouvertes, ils sont tenus de contribuer de manière décisive à la tournure des événements de leur pays d'origine. Simultanément, la relocalisation pourrait réduire la pression de la population sur les conditions axées sur l'environnement et pourrait aider les nations cibles en aidant à combler les lacunes de travail. La portabilité du travail et les arrangements de variation très supervisés et basés sur les privilèges peuvent donner une chance précieuse de soutenir la force et d'améliorer l'avancement tout en réduisant le pari d'une future relocalisation.

S'occuper des bonnes pénuries de travail et de leur lien avec les influences liées à l'environnement en tant que moteurs sous-jacents du mouvement peut aider à poursuivre la réinstallation comme une décision et non comme un besoin. L'OIT est stratégiquement située pour travailler à proximité des États et des rassemblements locaux pour réfléchir au travail de relocalisation du travail dans les systèmes de transformation de l'environnement, et en ajoutant à un simple progrès vers des économies naturellement supportables. Le cadre multilatéral de l'OIT pour la mobilité du travail offre également une orientation et des conseils aux mandants sur les nombreuses caractéristiques de la délocalisation du travail et pourrait servir d'instrument pour l'avancement, la confirmation et l'exécution des stratégies.

L'OIT a également participé à des efforts mondiaux par le biais de la CCNUCC et des Conférences des Parties (COP). De plus, un nouveau protocole d'accord a été approuvé avec l'UNCCD pour lutter contre la désertification et les difficultés liées aux déplacements. L'OIT participe également au Groupe de travail sur le déplacement dans le cadre du Mécanisme international de Varsovie relatif aux pertes et préjudices. De même, l'OIT ajoute à la Plate-forme sur les déplacements liés aux catastrophes (PDD) par l'exécution de tâches et de stratégies territoriales et coordonnées.

Pour utiliser pleinement l'amélioration des portes ouvertes potentielles de bon travail à l'étranger, un nombre croissant de pays ont commencé à élaborer des stratégies de mouvement de travail public ou des conceptions d'activités qui reflètent les besoins des populations fortement influencées par les facteurs de changement environnementaux. L'OIT offre une aide spécialisée à ces nations pour atteindre leurs objectifs d'avancement en préparant, en exhortant et en soutenant l'exécution de médiations pour faire avancer les portes ouvertes du travail respectable tant au pays qu'à l'étranger.

Une activité conjointe est importante pour aborder les questions liées aux changements environnementaux. L'avancement de l'avancement des postes ouverts verts peut être recherché de près par des médiations pour travailler sur l'administration de la relocalisation du travail et l'assurance des travailleurs itinérants afin de modérer les impacts antagonistes liés aux changements environnementaux. La branche du mouvement des travailleurs de l'OIT travaille actuellement aux côtés de postes verts et d'autres branches spécialisées sur les changements environnementaux et les projets liés à la relocalisation du travail.

Chapitre 2 Pays ciblés

Les gens ont émis environ 450 milliards de tonnes de carbone depuis le bouleversement moderne qui a ajouté à l'urgence environnementale actuelle dans le monde. En outre, la dépendance à l'agro-économie, l'utilisation des dérivés du pétrole et les exercices modernes par les pays non industrialisés ont pris d'énormes engagements pour augmenter les degrés de substances appauvrissant la couche d'ozone (GES) qui ont augmenté une augmentation de la température à l'échelle de la Terre et soutenu un environnement en évolution. La Convention-cadre des Nations Unies sur les changements climatiques a caractérisé le changement environnemental comme un changement qui se propage directement ou de manière détournée à l'action humaine, modifiant la création de l' air mondial. Les progressions des attributs de l'environnement qui intègrent la température, l'humidité, les précipitations et le vent, entre autres, sont affectées par les cycles normaux et humains sur des périodes de temps importantes.

Les GES principaux et les plus abondants dans l'air sont les vapeurs d'eau, le dioxyde de carbone (CO2), le méthane (CH4), l'oxyde nitreux (N2O) et les gaz fluorés (HFC, PFC, SF6). Le dioxyde de carbone (CO2) représente 60 % des substances appauvrissant la couche d'ozone qui modifient l'équilibre du cycle du carbone. Ils sont rayonnés dans notre environnement délicat par des exercices humains, par exemple, l'industrialisation, la consommation de fossiles, les éruptions de gaz, l'urbanisation et l'horticulture. Ils augmentent les températures mondiales, perturbant par la suite les cycles financiers et naturels actuels.

Les exercices humains peuvent également diminuer la quantité de carbone retenu de l'environnement par la déforestation, le changement d'affectation des terres, la contamination de l'eau et la création rurale. De plus, les pays émergents sont également engagés dans une déforestation monstrueuse en raison du double jeu des actifs, de l'extension métropolitaine et de l'horticulture en particulier, ce qui peut faire en sorte que le carbone soit libéré de la saleté à un rythme plus rapide qu'il n'est supplanté.

L'idée de Garrett Hardin de "l'horreur du centre " distinguait que les activités humaines non surveillées sont responsables de la consommation d'actifs normaux et d'immenses fissures écologiques la différence à long terme. Les régions rustiques qui traitent la base d'actifs se détériorent souvent par l'épuisement des actifs et l' impact décroissant des indécences métropolitaines. L'intérêt marqué pour le climat et la méthode non protégée de traitement des composants bruts sont défavorables aux changements environnementaux et au climat. Des facteurs tels que la préparation malavisée / maladroite, non participative, la non-exécution et l'exigence d'arrangements, entre autres, ont été l'aspect le plus méprisable des pays agricoles comme le Nigeria.

Dans tous les cas, avec le nouveau modèle d'altération de la température mondiale et le degré de responsabilité de l'homme dans l'ajout au changement environnemental, il y a une inquiétude écologique vis-à-vis de la maintenabilité. L'idée de gérabilité s'est transformée en un processus d'amélioration significatif qui travaillera avec l'atout des cadres et la minimisation des effets des exercices humains. La Commission mondiale sur l'environnement et le développement définit l'amélioration durable comme "un progrès qui résout les problèmes de l'époque actuelle sans compromettre la capacité des personnes à l'avenir à résoudre leurs propres problèmes".

La partie centrale de la définition est la préservation et l'amélioration des actifs. Par la suite, il devrait y avoir une collaboration attentive avec le climat pendant le temps consacré à l'amélioration pour éviter l'épuisement des actifs normaux et en outre prendre en compte la reconstruction à long terme de la qualité   écologique. Incontestablement, l'ajustement de la méthode humaine pour le double jeu/la création d'actifs et la maintenabilité naturelle est une nécessité puisque leurs résultats affectent négativement le climat. Par conséquent, la nécessité d'étudier le degré d'engagement de la scène d'accueil envers une augmentation de la température à l'échelle de la Terre et les résultats ultérieurs du changement environnemental dans ces districts avec un centre autour du Nigeria en tant qu'enquête contextuelle et en outre de proposer des arrangements potentiels est l'inspiration pour cette revue. .

Le Nigeria est classé septième sur la planète et a une population attendue de plus de 200,96 millions. Il représente environ 47% de la population de l'Afrique de l'Ouest, rappelant les plus grandes populations de jeunes au monde. Bien sûr, le Nigeria est le goliath de l'Afrique avec une organisation qui comprend 36 États indépendants, possédant une zone géologique de 923 768 km2, possède une richesse d'actifs, est le plus grand exportateur de pétrole et est la plus grande économie de gaz de pétrole sur le continent mais une société multiethnique et socialement différente avec plus de 500 rassemblements ethniques différents. Le Nigeria est à l'honneur avec physique, régulier et RH ; néanmoins, elle est encerclée par divers problèmes naturels qui ont été exacerbés par l'urgence environnementale influençant ses domaines financiers et politiques.

Le Nigéria et la plupart des pays émergents, sans tenir compte de leurs réserves colossales d'actifs réguliers, dépendent toujours vigoureusement de la création horticole pour leurs activités. On estime qu'une somme de 133 milliards de tonnes de carbone a été perdue depuis que les gens se sont lancés dans la vie horticole il y a près d'un certain temps. De même, la création de cultures et le grignotage des vaches ont également contribué de la même manière aux malheurs mondiaux. De plus, une revue faite par Brandt et al. a également affirmé l'engagement de l'agriculture envers la rétention du carbone dans l'air en découvrant que les stocks de carbone de la végétation de l'Afrique subsaharienne ont changé quelque part entre 2010 et 2016 avec un déficit général de 2,6 milliards de tonnes de CO_2 au-delà de 7 ans et des malheurs annuels en moyenne de 367 millions de tonnes de CO_2. Les pays émergents comme le Ghana, la Côte d'Ivoire, le Nigeria, l'Ouganda et le Kenya connaissent la plus forte baisse des stocks de carbone avec des suggestions selon lesquelles le changement environnemental pourrait rendre les événements scandaleux plus réguliers.

Ainsi, les pays émergents sont présentés à la faiblesse de l'environnement ; par la suite, les emplois, les régions métropolitaines, les fondations, les âmes vivantes, le bien-être, la vie financière et le climat fabriqué sont compromis, en particulier en Afrique où les pratiques économiques polyvalentes sont équitables. Avec une faible limite institutionnelle, une innovation raffinée, des finances et des actifs satisfaisants sont limités dans ces quartiers pauvres et les plus faibles.

Il est très inquiétant que la vitesse à laquelle les augmentations de température accélèrent une fréquence d'altération de la température mondiale, révélant la nécessité de travailler sans danger pour les choix écosystémiques et des mesures polyvalentes pour les directives environnementales afin d'améliorer les attentes climatiques extrêmes. C'est la nécessité d'étudier l'engagement de la scène d'accueil à une augmentation de la température à l'échelle de la Terre et les résultats du changement environnemental dans ces districts avec un centre autour du Nigeria comme une enquête contextuelle qui a provoqué ces arrangements pertinents et potentiels :

1. Quelle est la situation environnementale actuelle au Nigeria et dans d'autres pays agricoles ?

2.Quelles sont les variables restrictives importantes qui alimentent l'environnement dans ces lieux ?

3.Quels sont les effets des changements environnementaux dans ces localités ?

4. Quels sont les efforts déployés par ces localités pour sauver la situation environnementale ?

5. Quelles sont les lacunes de l'examen dans le domaine des changements environnementaux au Nigeria et dans d'autres pays émergents ?

Les nations créées ont eu la possibilité de limiter les impacts négatifs du changement environnemental en raison de certaines variables telles que les avantages normaux, les procédures à forte variation, l'innovation élevée, le cadre horticole motorisé et le statut d'abondance. Par exemple, des pays comme la Norvège, la Nouvelle-Zélande, la Suède, la Finlande et le Danemark étaient généralement considérés comme prêts à s'adapter aux changements environnementaux.

Dans tous les cas, un rapport de ND-GAIN a montré qu'il faudra plus de 100 ans aux nations les plus malheureuses du monde pour arriver à la limite polyvalente actuelle des pays de l'OCDE les mieux rémunérés. Tragiquement, les pays non industrialisés, par exemple le Nigéria, ont connu des accidents importants qui ont aggravé les problèmes de changement environnemental. Compte tenu des attentes des associations de recherche sur les changements environnementaux et des rapports logiques, il y a une récurrence et une force accrues des changements environnementaux dans les pays non industrialisés, en particulier dans des parties de l'Asie et de l'Afrique. Cette faiblesse a provoqué quelques effets écologiques remarqués de manière significative comme les inondations, la période de sécheresse, les carences alimentaires, les vagues de chaleur et les paris sur la santé, entre autres.

Le sort des nations non industrialisées malgré un environnement changeant au cas où des activités appropriées ne seraient pas immédiatement maintenues sera épouvantable. Certes, l'Afrique subsaharienne sera la région la plus faible avec un cadre mal fourni, la production alimentaire locale par habitant a diminué de 10 % au cours des 20 dernières années et environ 800 millions d'individus ne sont pas pris en charge de manière adéquate. De toute évidence, l'urgence globale couvrant les conditions de vie et de prise en charge malheureuses sera encore aggravée par les résultats de l'environnement changeant avec des problèmes omniprésents de fragilité alimentaire et de paris sur le bien-être.

L'Afrique de l'Ouest connaît les pires malheurs en raison des changements environnementaux, avec des augmentations se situant entre 36 et 44 % des malheurs pour l'ensemble du continent et quelque part entre 42 et 60 % du PIB provincial agricole. Le GIEC et le changement climatique ont prévu que la liquéfaction de la masse glacée augmentera les inondations et les glissements de terrain torrentiels et influencera les ressources en eau au Tibet, en Inde et au Bangladesh. Le Bangladesh sera le plus touché compte tenu du fait qu'il est à la fois de faible altitude et compte environ 13 millions d'habitants et que le PIB par habitant de Dhaka est le moindre de la multitude relative de communautés urbaines. Cela influencera sa capacité à s'adapter aux changements environnementaux.

Le rapport d'ONU-Habitat a en outre indiqué qu'au-delà de ce qu'un milliard de personnes pourraient avoir des carences en eau d'ici les années 2050. L'Asie du Sud-Est, en particulier les districts de l'uber delta fortement peuplés, sera menacée par les inondations. Environ 30% des récifs coralliens d'Asie vont probablement disparaître dans les 30 prochaines années en raison des nombreuses charges et des changements environnementaux. Les dommages causés aux communautés urbaines balnéaires affecteront également l'industrie du voyage. Par exemple, la ville balnéaire de Mombasa, au Kenya, pourrait perdre 17 % de son patrimoine, ce qui influera sur les commodités et les éléments qui attirent l'industrie du voyage. Les changements dans les précipitations augmenteront les maladies diarrhéiques essentiellement liées aux inondations et aux saisons sèches et augmenteront potentiellement la circulation de la fièvre de la jungle.

D'ici 2080, une augmentation de 5 à 8 % des terres très sèches et semi-sèches est étendue dans un certain nombre de situations. Actuellement, d'ici 2020, entre 75 et 250 millions d'individus seront exposés à une pression d'eau accrue en raison des changements environnementaux. La création rurale, y compris l'accès à la nourriture, devrait être sérieusement compromise. Dans certains pays, les rendements des averses prises en charge par l'agro-industrie pourraient être réduits de moitié. L'élévation du niveau de l'océan influencera d'importantes communautés urbaines dans les régions riveraines basses, comme Alexandrie, Le Caire, Lomé, Cotonou, Lagos et Massawa ; Changement climatique 2007. Ainsi, les pays émergents ont besoin de mesures raisonnables pour aménager un environnement à faible émission de carbone.

Chapitre 3 Collecte de données

1. Présentation

Le changement environnemental est un problème majeur d'aujourd'hui, pour lequel les modèles basés sur l'information et les stratégies d'aide au choix offrent une compréhension plus étendue de sa complexité. Le but de cet article est de découvrir les procédures basées sur l'information et leur matérialité en ce qui concerne l'environnement. D'autant plus définitivement, comment le Big Data, à travers les sciences de l'information, pourrait-il répondre aux problématiques d'environnement de gérabilité et être pertinent dans les explorations logiques et les sciences du choix de manière coordonnée.

L'esquisse est guidée par trois réflexions étroitement liées, en particulier (1) les sciences de l'information en tant que domaine interdisciplinaire intelligent associé à (2) l'IA qui est un dispositif pour travailler sur des cycles programmés d'attentes ou de choix, et (3) le Big Data qui encourage traiter et associer une énorme quantité d'informations hétérogènes. La place centrale de cet examen est l'interdépendance des cadres complexes liés à l'environnement, pour lesquels la recherche Big Data offre un compartiment d'outils compétent.

Les questions de recherche ont formé trois perspectives, qui ont été maintenues au centre tout au long de l'article :

• Comment et quand le Big Data apparaît-il dans les examens liés à l'environnement ?

• Quelles explorations ont été faites sur les applications du Big Data dans les études d'environnement, et comment sont-elles organisées ?

• Comment coordonner les informations amassées dans diverses explorations explicites ?

L'année 2015 a connu une nouvelle ferveur dans le domaine des rubriques d'examen concernant les changements environnementaux, alors que les Nations Unies ont prononcé 17 objectifs de développement économique, dont "Apporter une mesure critique à l'environnement de combat et à ses effets" et que l'Accord de Paris a été marqué, que perturber la modération des émanations, des variations et de l'argent des substances nocives pour l'ozone en 2015 avec le point particulier de maintenir les hausses de température normales mondiales bien en dessous de 2 ° C au-dessus des niveaux pré-modernes et ensuite de poursuivre les efforts pour maintenir les augmentations de température mondiale en dessous de 1,5 ° C au-dessus de pré -niveaux modernes, percevant que cela diminuera essentiellement les dangers et les effets du changement environnemental. Ce type de mise en place de normes soutient l'investigation compliquée des sciences disciplinaires à l'ancienne avec une méthodologie globale et interdisciplinaire. De nouveaux types d'approches nécessitent des examens et des modèles beaucoup plus époustouflants et, de cette manière, quelques degrés significatifs d'informations en plus, ce qui a rajeuni le Big Data en tant que discipline logique indépendante.

Les grands appareils basés sur les données sont désormais largement utilisés dans cette nouvelle science époustouflante, par exemple, pour détecter les changements occasionnels dans les changements environnementaux, comprendre les changements environnementaux comme une vision du monde de la science de l'information dirigée par des hypothèses, comprendre comment faire face aux dangers des changements environnementaux. , enquêter sur des sources d'information délicates, par exemple, Twitter, ou montrer la capacité des systèmes de systèmes (SoS), par exemple, l'étude de la construction et des connexions entre les établissements et les disciplines d'un cadre numérique mondial de Big Earth Data : le système mondial d'observation de la Terre des systèmes (GEOSS).

Aujourd'hui, il est clair que la science de la gérabilité est étroitement liée à la science de l'information, en tout cas, avec le soutien du plan d'action de l'économie ronde, la complexité du coffre-fort des problèmes s'est également élargie, il est donc essentiel de se souvenir des informations et des techniques d'examen pour le système, tandis que les résultats de la recherche dans divers domaines peuvent être utilisés dans différents domaines. En outre, les modèles de la science de l'environnement et de la maintenabilité poussent les modèles vers un objectif plus élevé, une complexité plus importante et des groupes plus importants, ce qui nécessite des approches multidisciplinaires dans les sciences informatiques de l'environnement. Cet examen donne un aperçu plus significatif de l'interdépendance des disciplines, des cadres, des informations et des dispositifs liés au changement environnemental, en étudiant d'autres points centraux concernant la nécessité d'un degré plus profond de réconciliation, au motif qu'une séparation entre les moteurs importants de l'industrie et l'exploration logique n'est pas encore expérimentée. Nous proposons d'aborder ces affectations et désengagements de jonction par la pensée du Système de Systèmes.

Ce schéma vise à remédier à ces insuffisances. Les sources de données (informations, nouvelles, ensembles de données logiques) peuvent être connectées, ce qui fait remarquer l'importance future de l' information connectée ouverte. L'examen actuel fait remarquer la pensée du système de systèmes (SoS), car les moteurs et les impacts du changement environnemental, ainsi que la flexibilité et la variation, doivent être accomplis par la reconnaissance idéale et le double jeu des collaborations et des compromis entre les nouvelles rubriques d'exploration.

La stratégie d'examen encadre dès le départ l'identification des problèmes scientifiques de supportabilité dans le domaine 2, qui a révélé les problèmes et les entreprises associés, car le besoin aurait pu se faire sentir pour réussir. Il a garanti que l'activité supportable de la nature et de la société demande la méthodologie des cadres de cadre aux côtés du mélange d'applications Big Data dans des explorations logiques, culturelles et politiques liées à l'environnement. Ceci est conforme au pari évolutif des zones de vulnérabilité figurant dans le système de limites planétaires. Ensuite, les utilisations actuelles de l'examen de l'information connectée sur le terrain ont été étudiées. Pour une compréhension plus approfondie et restreinte, la rédaction d'un sondage dépendait de la stratégie PRISMA (Preferred Reporting Items for Systematic Reviews and Meta-Analyses), qui ajoute à l'investigation et à l'évaluation des articles connexes. La poursuite a un centre raisonnable et restreint autour de l'idée multidisciplinaire de la question; l'évaluation non exclusive n'est donc pas justifiée. 57 articles d'enquête ont été exclusivement examinés pour distinguer les régions centrales et les trous d'examen dans les applications

Big Data dans les explorations de changement environnemental. Un méta-examen méthodique a été utilisé pour distinguer comment les informations sont regroupées dans différentes zones centrales et pour supprimer les données sous-jacentes importantes. Les co-événements des slogans ont été analysés par rapport à 442 articles décrivant le lien entre le changement environnemental et le Big Data.

Dans les segments d'accompagnement, les questions de recherche mentionnées précédemment sont déployées et répondues en découvrant l'importance croissante de l'hypothèse du système de systèmes. Les énergies coopératives entre les nouvelles rubriques d'examen et les disciplines doivent être étudiées pour déterminer les moteurs et les impacts des problèmes environnementaux, ainsi que pour fournir une variation vitale et un plan de secours compétents qui tiennent également compte des éléments socio-naturels. Notre structure SoS proposée est une réaction à ces informations incorporées par les dirigeants, comme un premier pas vers l'enregistrement de l'environnement.

Dans le segment 2, les questions sur l'hypothèse de la science de la gérabilité sont répondues à la réflexion sur le besoin fondamental des applications des sciences de l'information. Dans le segment 3, l'information hétérogène du tableau ainsi que les dispositifs et stratégies Big Data sont accentués.

L'étude ordonnée des examens des changements environnementaux se trouve dans le segment 4, qui rappelle les associations entre le Big Data et l'environnement pour le segment 4.1 ainsi qu'un aperçu de base de diverses stratégies dans le segment 4.2. Les angles sociaux sont présentés dans le segment 4.3. À la lumière de l'esquisse, à partir des nouvelles découvertes de recherche liées à l'environnement, un système SoS particulier est introduit dans le segment 4.4 et l'entrelacement du SoS et des ODD est examiné dans le segment 5, où les idées pour les futures rubriques d'exploration et les applications sont résumées.

2. Enjeux de la science de la durabilité

La complexité des questions environnementales nécessite des systèmes polyvalents pour l'approche publique, des activités pour induire un comportement social et l'avancement des réactions administratives et de reproduction du marché à la vie financière. Pour répondre à ce besoin culturel complexe, la recherche s'est concentrée sur la compréhension des raisons du changement environnemental, l'amélioration des modèles prémonitoires et des dispositions de secours, ainsi que l'étude des chances de façonner les mentalités sociales.

Une méthodologie interdisciplinaire est fondamentale en ce qui concerne l'identification de presque tous les problèmes liés à l'environnement et l'amélioration de leurs réponses. Ce point de vue interdisciplinaire a façonné l'hypothèse de la science de la soutenabilité pour acquérir une compréhension exhaustive de l'interrelation entre le climat et la société. Cette hypothèse s'articule autour de questions transdisciplinaires, auxquelles il faut répondre par l'application des dispositifs des sciences de l'information.

• Comment le lien unique entre la nature et la société peut-il être décrit et décomposé ?

La modélisation dynamique des cadres sera en général un dispositif normalement utilisé tout en décrivant et en examinant l'interrelation unique du climat, de l'économie et de la société. Cette idée est clairement représentée par le modèle World3, qui décrit le lien entre la population, le développement moderne, la création alimentaire et les exigences du système biologique après un certain temps pour le Club de Rome dans le livre intitulé "Les limites de la croissance". L'étude de la connexion entre les facteurs d'état du modèle nécessite une exploration interdisciplinaire désignée. Les dispositifs de la science de l'information peuvent rendre cet examen plus productif avec l'âge informatisé et l'approbation des spéculations sur les relations, car les modèles basés sur l'information au-delà de l'enquête sur les connexions probabilistes peuvent fournir des données sur la causalité. L'une des principales entreprises pour l'examen le plus complet des impacts sur l'environnement est la combinaison et le tableau d'informations et de données hétérogènes travaillant ensemble. La preuve de cette méthodologie potentielle est une enquête contextuelle qui relie les facteurs financiers pour étudier l'impact de l'environnement sur les cadres mondiaux de la création alimentaire.

- Comment gérer les reports, la latence et la vulnérabilité des modèles ?

Pour mesurer l'effet des vulnérabilités, innées dans les facteurs environnementaux, l'évaluation des modèles CMIP des voies de concentration représentatives RCP 4.5 et RCP 8.5 créés pour évaluer les changements environnementaux, en utilisant des reproductions de Monte Carlo peut être raisonnable. La principale entreprise à venir est l'avancement coordonné des réponses désignées pour la planification, l'évaluation et la coordination des études de reproduction afin de mesurer la vulnérabilité et le danger dans le rayonnement des informations naturelles et sociales. DKRZ a donc fait de larges recréations avec le modèle de cadre terrestre MPI-ESM concernant le projet CMIP5 et l'IPCC AR5, introduisant une détermination des représentations pour divers facteurs environnementaux clés et pour les diverses situations.

• Comment interroger les éléments concernant la faiblesse des cadres socio-écologiques ?

La structure raisonnable de faiblesse est fondée par le Groupe d'experts intergouvernemental sur l'évolution du climat (GIEC). Les chaînes de faiblesse des effets perplexes exigent la preuve distinctive et le mélange de variables non climatiques dans les modèles environnementaux, ainsi que l'avancement de modèles décrivant la flexibilité ainsi que l'évaluation des dommages anticipés. Il est admis que la boîte à outils de la science de l'organisation assumera un rôle croissant dans l'évaluation de la faiblesse car la signification des facteurs d'état et leurs connexions peuvent être directement qualifiées par rapport à leur travail dans des modèles uniques.

• Comment le pari croissant pourrait-il être estimé ? Quels « limites » et « points de coupure » fondés sur la déduction peuvent être caractérisés ?

La motivation derrière l'idée de la limite planétaire est de caractériser les circonstances de travail et de représenter des changements naturels soudains défavorables ou dévastateurs à l'intersection d'au moins une limite planétaire. L'évaluation des dangers des changements induits par l'environnement à l'aide de modèles environnementaux montre que les dangers augmenteront au cours des 200 prochaines années, que la synthèse du climat reste stable ou non. L'espace socio-social joue un rôle central en ce qui concerne la compréhension des risques (Van der Linden, 2015), ainsi, le rapprochement des facteurs décrivant les variables socio-sociales dans les modèles peut être particulièrement significatif. Les examens sont fondamentaux pour étudier ce que les dérangements d'origine humaine signifient pour l'équilibre fragile de l'environnement ainsi que pour déterminer où se trouvent les points de coupure et les limites, dont l'intersection représenterait un degré de hasard inapproprié. L'utilisation coordonnée des instruments de loisirs et du compartiment des outils d'IA peut étudier ces limites avec compétence.

- Quels cadres de support/d'inspiration peuvent être créés — règles, normes, données logiques — pour construire la limite et la gérabilité de la société ? Quels signes et règles sont censés mettre la société sur une voie réalisable ? Comment les réseaux actuels d'exploration, d'investigation et de choix émotionnellement déconnectés pourraient-ils être coordonnés avec plus de compétence ?

On s'attend à ce que la coordination et la systématisation désignée des informations logiques abordent les raisons prolongées du changement environnemental et diminuent ses appartenances. Les recherches concernant la soutenabilité et les cadres sociobiologiques ont été à mi-chemin interconnectées pour cultiver le changement de la gérabilité de manière transdisciplinaire. Pour surmonter toute barrière entre la science et la société, la contribution des résidents à la description de l'exploration et des cycles pourrait être une réponse car "à travers leur relation à un lieu, souvent limitée en tant que construction sociobiologique, les partenaires et les individus en général jouent un rôle fondamental dans la recherche sur le changement de maintenabilité." De plus, l'association de rassemblements extérieurs peut soutenir l'examen des cadres socio-naturels et de la science de la gérabilité. Les techniques de co-création de l'information comme la triangulation, l'approche Multiple Evidence Based et le travail en situation, en découvrant l'engagement transversal, permettent de garantir que la transdisciplinarité n'est pas seulement annonciatrice de l'incorporation.

Pour suivre la voie mentionnée précédemment vers les éléments économiques de la nature et de la société, la trousse d'outils et les modèles de science de l'information doivent être coordonnés dans l'exploration logique et culturelle liée au changement environnemental ainsi que dans le plan politique. Dans l'accompagnement, les dispositifs Big Data et la carte sont décryptés avec un éclairage particulier sur leur rôle dans le changement environnemental et nous construisons une structure de Système de Systèmes (enregistrement de l'environnement) à partir des différentes applications.

3. Tâches d'analyse de l'information des recherches sur le changement climatique

Le terme Big Data s'est répandu en raison des nouvelles innovations et des développements qui ont surgi au cours des 10 dernières années étant donné l'intérêt pour l'examen d'un grand nombre d'informations différentes produites rapidement, par la suite, l'assortiment et la manipulation se produisent à une vitesse élevée, ce qui est difficile à réaliser avec des instruments scientifiques calcaires. Le saut délicat dans la quantité d'informations a également pénétré le bien-être, l'argent et la scolarité. Concernant l'économie mondiale, le Big Data est essentiel pour comprendre et développer l'exécution. Huge Data fait également des progrès dans le domaine de la gérabilité, il a donc tendance à être utilisé pour travailler sur la soutenabilité amicale et écologique dans les chaînes d'approvisionnement, élargir la scène éducative des communautés urbaines astucieuses et maintenables et travailler sur la portion et l'utilisation des actifs normaux comme ainsi que la maintenabilité du réseau de magasins.

Des informations énormes et ouvertes d'un gouvernement « avisé » à un gouvernement révolutionnaire peuvent fonctionner avec la coopération. Il est possible d'apporter des arrangements constants dans l'agriculture, le bien-être, le transport et d'autres difficultés. L'approche Big Data peut être le meilleur moyen de travailler sur l'obtention législative et métropolitaine partagée, illustrant ainsi les normes d'administration avancée comme le modèle d'administration publique le plus approprié. Il est nécessaire de rassembler de nombreuses informations pouvant être utilisées pour afficher et tester diverses situations afin de modifier économiquement la création et l'utilisation de l'énergie, de développer davantage la sécurité alimentaire et hydrique, ainsi que de tuer la misère. Les moteurs, par exemple, le Groupe d'experts intergouvernemental sur l'évolution du climat et le Système mondial d'observation de l'océan peuvent combler des lacunes dans les informations logiques, spécialisées et financières. L'examen des conjectures d'exécution économique des affaires à travers l'examen du Big Data au regard des pays émergents montre que "Le style des dirigeants et de l'autorité" et la "Stratégie du gouvernement" sont désormais les principales variables.

Les données volumineuses sont une mesure de données produite rapidement à partir de diverses sources et dans une autre configuration. L'examen de l'information est l'évaluation et la transformation d'informations brutes en données interprétables, tandis que la science de l'information est un domaine multidisciplinaire de différents examens, dispositifs de programmation et calculs, mesurant les mesures d'enquête ainsi que l'IA, ce qui signifie percevoir et supprimer des conceptions dans des informations brutes. De cette manière, le Big Data examine fondamentalement les moyens de disséquer, de séparer méthodiquement ou en tout cas de gérer les informations d'ensembles de données excessivement énormes ou complexes pour traiter la programmation d'applications de traitement d'informations conventionnelles qui nécessite une mise à l'échelle énorme (différents hubs) pour traiter de manière productive. . En tant que tel, le Big Data peut être caractérisé par les qualités clés 5V, à savoir le volume, la vitesse, l'assortiment, la véracité et la valeur.

La capacité, la gérabilité et l'examen d'une substance énorme est un test que l'état actuel des calculs et des cadres ne peut pas traiter de manière coordonnée, par conséquent les collaborations des différentes sources ne sont pas suffisamment exploitées. La raison de l'utilisation de Big Data est de fournir des informations aux cadres et aux dispositifs d'enquête pour une mesure d'informations en constante expansion. L' examen de l'information peut être divisé en quatre classifications générales. Dans les conditions de l'examen du Big Data, l'examen des informations comprend l'utilisation de structures et d'avancées dispersées exceptionnellement polyvalentes pour extraire des données importantes d'un grand nombre d'informations brutes qui nécessitent l'utilisation de diverses stratégies d'examen des informations.

Les données énormes sont généralement liées à deux avancées, l'informatique distribuée et l'Internet des objets (IoT). L'informatique distribuée accélère le stockage illimité d'informations, le traitement et l'examen d'informations équitables. Les avantages critiques de l'informatique distribuée sont une investigation plus approfondie, un travail sur le cadre et une diminution des coûts. L'IoT offre la capacité d'interfacer des gadgets de figuration, des machines mécaniques et informatisées ainsi que des objets et des individus. Avec l'apparition de l'IdO, d'immenses quantités d'informations peuvent être recueillies à l'aide de gadgets astucieux associés à Internet.

La pertinence des méthodes Big Data est également tout à fait améliorée par les instruments originaux d'aide au tri et à l'incorporation de l'information. L'interopérabilité des frameworks peut être améliorée par des réserves d'informations et les fonctionnalités ETL (extraction, modification, chargement) connectées qui peuvent également être utilisées pour assembler des données à partir de différents modèles et sources d'informations. L'avantage de ces constructions est exposé dans la réserve d'informations EC4MACS (Consortium européen pour la modélisation de la pollution de l'air et des stratégies climatiques) qui présente une configuration d'appareils d'affichage pour une évaluation coordonnée complète de la viabilité des systèmes de contrôle des écoulements pour les poisons de l'air et substances appauvrissant l'ozone. Dans ce cadre, les informations coordonnées sont empilées dans l'entrepôt de données GAINS (Greenhouse gas-Air contamination Interactions and Synergies). Cette évaluation a réuni des informations de base dans les domaines de l'énergie, des transports, de l'horticulture, du service de garde forestier, de l'utilisation des terres, de la diffusion barométrique, du bien-être et des effets de la végétation, et a formé un point de vue solide sur les choix futurs pour réduire la contamination de l'air en Europe .

La coordination de diverses données peut également être soutenue par des informations connectées basées sur la métaphysique. Les modèles Philosophy Web Language (OWL) permettent la représentation sémantique des diverses occasions qui peuvent décrire l'histoire de l'impact significatif sur l'environnement selon de nombreux points de vue, y compris logiques, sociaux, politiques et innovants.

L'intelligence artificielle (IA) et l'IA (ML) sont également les principales innovations d'influence habilitante d'une énorme recherche d'informations. Cet article se concentre sur la matérialité des modèles basés sur ML. L'intelligence simulée est essentiellement utilisée pour aider à la direction indépendante, mais elle peut également combler habilement les trous d'observation lorsqu'elle est associée à des informations de modèle d'environnement mathématique. Une illustration de cette application peut être trouvée dans l'augmentation des estimations de température vérifiables utilisées dans les ensembles de données environnementales mondiales comme HadCRUT4.

L'investigation du Big Data associe les stratégies habituelles d'examen mesurable aux méthodologies informatiques. Compte tenu de la complexité entre les facteurs et le type de résultats requis, l'examen de l'information peut être une question d'information de base ou un mélange de méthodes d'examen complexes. L'investigation du Big Data est une combinaison d'examens quantitatifs et subjectifs. La figure de l'environnement consolide les explorations multidisciplinaires concernant les sciences climatiques, de l'information et du cadre pour capturer et disséquer avec compétence les Big Data liées à l'environnement ainsi que pour aider les efforts socio-naturels. Sur la base de ce point de vue, un modèle déroutant du cadre terrestre est constamment développé par DKRZ en utilisant des superordinateurs en fonction du Big Data, des calculs mathématiques et des modèles de reconstitution pour permettre aux chercheurs d'incorporer des cycles de substance et organiques, ainsi que d'examiner la coopération de l'environnement et le cadre financier.

Les méthodes d'analyse exploratoire des données (EDA) sont des approches permettant d'étudier d'énormes indices d'information. Ces méthodes rendent les éléments fondamentaux plus clairs en masquant différents angles. La plupart des stratégies EDA sont de nature graphique, pour certaines augmentations non graphiques.

Certains instruments EDA essentiels sont les histogrammes, les diagrammes quantiles (Q-plots), les diagrammes de dissipation, les diagrammes en boîte, la séparation, le changement de log et d'autres mesures de synopsis. Les modèles subjectifs peuvent être ordonnés en modèles causaux subjectifs et en systèmes progressifs de délibération. Les modèles causaux peuvent être regroupés en digraphes, arbres de défaillances et physique qualitative. Les ordres de réflexion comprennent deux parties importantes : primaire et pratique .

L'exploration d'informations est un ensemble de techniques qui séparent des données spécifiques d'ensembles de données énormes et complexes. La révélation d'informations utilise des stratégies informatisées basées sur la programmation pour éliminer l'arbitraire et découvrir des exemples et des modèles cachés. La caractérisation des stratégies d'exploration de l'information, y compris une représentation claire de la stratégie, des procédures logiques normales, la signification des régions d'application importantes et des modèles liés aux études environnementales.

Le regroupement est essentiel en ce qui concerne les procédures d'exploration de l'information. Les modèles d'arrangement caractérisent la conception de similarité des facteurs et sont morcelés en regroupements (classes). Dans l'examen de l'environnement basé sur le Big Data, les modèles et méthodes de regroupement sont énormément utilisés. Deux cours d'eau avec diverses hydro-climatologies ont été concentrés aux États-Unis en utilisant une organisation cérébrale contrefaite (ANN). L'examen a distingué un impact énorme sur divers facteurs, par exemple, le débordement normal, la variabilité du cours d'eau, la récurrence des crues et la force du cours d'eau. Pour conquérir les vulnérabilités extraordinaires inhérentes aux modèles d'environnement, un modèle d'environnement basé sur un réseau cérébral optionnel a été encouragé qui augmente la productivité d'énormes ensembles de modèles d'environnement d'au moins un degré significatif. À la lumière de cela, on peut très bien supposer que le réchauffement dépasse la portée du réchauffement de surface évaluée par le GIEC pour près de la moitié des individus de l'équipement. Ce réseau cérébral est un dispositif viable pour gérer ces problèmes gênants et de test, a également été généralement utilisé pour enquêter sur les composants du changement environnemental et prévoir les modèles de changement environnemental qui tirent le meilleur parti des données obscures dissimulées dans les informations sur l'environnement, nonobstant, il ne peut pas le démêler.

Modèles de circulation générale (GCM) - les instruments les plus progressifs pour évaluer les futures situations de changement environnemental fonctionnent à une échelle grossière, qui peut être réduite par des approches de machine à vecteur d'aide (SVM), préparant les développements météorologiques (MSD) et favorisant un modèle de réduction d'échelle (DM) il a été démontré qu'elle est préférable à la réduction d'échelle ordinaire utilisant de fausses organisations cérébrales régénératives complexes (Tripathi et al., 2006). L'utilisation de l'énergie solaire se développe progressivement en ce qui concerne l'ODD 7, mais l'exécution des centrales électriques peut varier en raison de la variété des circonstances météorologiques, qui peuvent être rémunérées par le symbolisme satellite et le plan d'apprentissage SVM pour anticiper le vecteur de mouvement des brouillards (Jang et al. , 2016). L'examen d'images basé sur des objets (OBIA) et la machine à vecteurs de support (SVM) associés à un ordre d'arbre de choix sont raisonnables pour planifier des régions de mangroves qui étaient inconcevables par des techniques de détection à distance conventionnelles autres qu'un objectif spatial strict. Les calculs d'arbre de choix dépassent de manière fiable les classificateurs de probabilité les plus extrêmes et de capacité discriminante directe en ce qui concerne l'exactitude de la caractérisation des problèmes de planification de la couverture terrestre. En utilisant un modèle de création de climat , qui permet de réexaminer le voisin le plus proche en bouleversant des informations vérifiables, il est possible de créer un ensemble de situations climatiques à la lumière de situations climatiques plausibles pour fournir des informations météorologiques pouvant être utilisées pour étudier la faiblesse de le bol de ruisseau à des occasions scandaleuses. La capacité du réseau bayésien (BN) à anticiper les changements long-courriers du littoral liés à l'élévation du niveau de l'océan et à évaluer quantitativement la vulnérabilité des conjectures le rend raisonnable pour l'examen des impacts du changement environnemental. Il a été utilisé efficacement pour évaluer les impacts des aggravations du changement environnemental sur la conception des récifs coralliens et pour rafraîchir la conviction concernant la vérité du changement environnemental à la lumière de l'introduction de données concernant l'accord logique sur l'augmentation anthropique de la température à l'échelle de la Terre (AGW). À l'aide de calculs héréditaires et d'informations sur les événements provenant d'exemples de salles d'exposition, des modèles de spécialités naturelles ont été produits pour 1 870 espèces se produisant au Mexique et projetés sur deux surfaces climatiques affichées pour 2055. Un calcul héréditaire à objectifs multiples pour la mise à niveau des cadres de transport d'eau (WDS) a été utilisé comme un instrument de révélation pour examiner les compromis entre les objectifs financiers habituels et limiter les rejets de substances appauvrissant la couche d'ozone (Wu et al., 2010). Le domaine européen a été divisé en districts comparatifs de changements environnementaux anticipés à la lumière des reconstitutions des précipitations quotidiennes complètes ainsi que des températures ultérieures (1986-2005) et futures à long terme (2081-2100) en utilisant l'examen de groupe K-mean. Une méthodologie informatisée en vue d'un calcul d'intégration groupe est proposée et appliquée aux évolutions des 27 limites climatiques. Dans l'ensemble, 40 % de situations en moins pour atteindre la limite de 90 % que k-implique le regroupement.

Les examens basés sur le regroupement sont des procédures d'exploration de données largement reconnues, quoi qu'il en soit, des améliorations en termes de temps et de fonds d'investissement sont toujours attendues en raison de l'administration d'une quantité croissante d'informations. En ce qui concerne l'utilisation dans les examens climatiques, un système d'investigation des transitoires de patio basé sur le regroupement des informations barométriques a été créé pour aider les cycles dynamiques législatifs et modernes. Pour évaluer le risque d'érosivité, des examens de regroupement et de caractérisation ont été appliqués au niveau public en Turquie, en outre, une fausse attente basée sur le réseau cérébral a également été formulée. Les résultats ont révélé un risque croissant de désintégration des sols dans les régions du sud et de l'ouest de la Turquie, qui nécessite des répétitions de contrôle de la désintégration. Des recherches ont été menées pour régionaliser l'Europe en fonction de températures de surface comparables à la lumière d'informations se situant entre 1986 et 2005. Les distinctions entre les informations prémonitoires à long terme et les informations authentiques ont été étudiées avec des examens de regroupement k-implique pour décider des orientations du cadre. Une c- sous-entend une approche pas tout à fait ancrée dans cet état d'esprit pour l'examen des districts homogènes en période de sécheresse météorologique afin d'aider avec succès les gestionnaires d'actifs hydrauliques et les cadres pendant les saisons sèches (Goyal et Sharma,

2016). Les stratégies de regroupement peuvent soutenir la récréation et prévoir des modèles en rassemblant d'énormes informations sur la portée. "La création d'énergie éolienne est censée être affectée par des changements dans la conception des éoliennes qui iront avec les changements environnementaux." En Californie, les conceptions de vent ont été regroupées à l'aide de recréations modèles du modèle de système terrestre communautaire à objectif variable (VR-CESM) et se sont décomposées en fonction de l'ajustement de la récurrence des grappes et des changements de brise à l'intérieur des grappes. Les progressions du facteur limite ont un impact énorme par rapport à l'âge énergétique.

L'enquête sur les rechutes a tenté de découvrir des liens utilitaires entre des facteurs qui peuvent également soutenir des modèles prémonitoires et anticipatifs. L'urbanisation affectera en général fondamentalement le changement environnemental, comme le souligne une étude australienne qui a découvert que les ajustements de l'utilisation des terres et de la végétation en raison des mouvements d'urbanisation qui influencent l'environnement du quartier et le cycle de l'eau ainsi que ses effets sont considérés comme proches sans ambiguïté. Différents examens basés sur les rechutes ont été utilisés pour décider du risque d'inondation dans les bassins versants métropolitains en consolidant de nombreuses rechutes droites, diverses rechutes non linéaires et de nombreuses rechutes d'opérations planifiées appariées. Ce système visait à aider les plans d'activité concernant les infiltrations des cadres et à amplifier les effets des exécutions vitales de vulnérabilité aux inondations. En ce qui concerne les cadres, l'impact du changement environnemental sur le cycle hydrologique dans le bassin du fleuve Yangtze a été examiné à l'aide d'un modèle d'examen des rechutes et d'un cadre de données géographiques. Le sol joue un rôle essentiel dans la séquestration du carbone, par conséquent, modère les impacts climatiques indésirables. Un modèle a été prévu en ce qui concerne les principaux 25 cm de terre de la région de la Sierra Morena pour décider du lien entre les facteurs libres et le carbone naturel du sol (SOC), en outre, par l'utilisation de divers examens de rechute directs analysés les impacts de ces facteurs sur le contenu SOC. C'est ce que les résultats ont démontré "Le COS dans une situation future de changement environnemental dépend de la température normale du quart le plus froid (41,9 %), de la température normale du quart le plus chaud (34,5 %), des précipitations annuelles (22,2 %) et de la température normale annuelle (1,3 %)." L'examen entre les circonstances actuelles (2016) et futures reflète une diminution de la teneur en COS de 35,4 % et une tendance à la relocalisation vers le nord.

L'extraction continue d'éléments/conceptions est une méthode généralement utilisée pour séparer les informations des ensembles de données. Le traitement d'une quantité croissante d'informations hétérogènes s'avère perpétuellement gênant, de cette manière, "un calcul productif est censé extraire les exemples secrets des ensembles d'éléments successifs dans un temps d'exécution plus limité et avec moins d'utilisation de la mémoire tandis que le volume d'incréments d'informations tout au long de la période ». Des modèles d'exploration de règles d'affiliation (ARM) ont été travaillés pour l'observation barométrique du climat à la lumière du calcul de l' apriorisme et du calcul de l'hypothèse DS/ER. Ces méthodes offrent une aide à la fois spécialisée et hypothétique pour prévenir et surveiller la contamination de l'air. L'exploration de règles d'affiliation a également été utilisée pour observer les informations sociales sur le climat afin de favoriser un modèle d'attente pour l'inconstance de l'environnement (Rashid et al., 2017). Par ailleurs, l'inconstance de l'environnement affecte l'agriculture, ce qui demande une compréhension plus notable concernant l'effet de l'environnement sur la création de cultures et la sécurité alimentaire. Par conséquent, l'effet des précipitations occasionnelles sur le rendement des cultures de riz a été résolu à la lumière des stratégies ARM (Gandhi et Armstrong, 2016). Pour la compréhension des conditions de vent, une extraction d'exemples consécutifs à multiples facettes est utilisée qui peut caractériser quel exemple est raisonnable pour l'énergie éolienne (en pensant aux variables de pièce, de temps et de niveau). Comme l'indique un concentré sur les Pays-Bas, 68,97 % du pays est couvert par une conception de brise raisonnable (à 128 m) et dispose désormais d'éoliennes. Un système d'ordre de regroupement basé sur un exemple spatio -fugace a été travaillé pour évaluer le degré de déforestation. Cette approche a été appliquée sur une enquête contextuelle tunisienne qui s'appuyait sur 15 ans d'images satellites et d'informations SIG vérifiables sur les incendies à propagation rapide.

Les techniques de perception ont cherché à étudier les interconnexions entre les informations en améliorant les informations multivariées. La stratégie d'organisation cérébrale cartographique auto-triée (SOMN) a été utilisée pour disséquer des conceptions de parcours climatiques anormaux en Chine concernant des irrégularités de température de surface quelque part entre 1979 et 2017 (Gao et al., 2019). Cette stratégie est largement utilisée pour planifier les changements, par exemple en ce qui concerne les risques d'inondation métropolitaine (Rahmati et al., 2019). Une concentration sur la ville d'Amol en Iran a été dirigée et selon le modèle mentionné précédemment de planification des risques d'inondation métropolitaine, 23% de la région terrestre de la ville est censée présenter des degrés élevés ou extrêmement élevés de risque d'inondation, ce qui nécessite un risque d'inondation efficace. le tableau. La stratégie SOMN et les cellules matricielles ont été appliquées pour décider des changements dans la couverture de la zone spatio -éphémère en Mongolie intérieure quelque part entre 2004 et 2014. La procédure d'analyse en composantes principales (ACP) a été utilisée pour étudier la faiblesse du district du front de mer du Bangladesh. tout en pensant au système du GIEC. L'examen a utilisé 31 pointeurs. La PCA a été appliquée et a déterminé sept vecteurs propres Vulnérabilité démographique, Vulnérabilité économique, Vulnérabilité agricole, Vulnérabilité hydrique, Vulnérabilité sanitaire, Vulnérabilité climatique et Vulnérabilité infrastructurelle qui prennent en compte les situations de changement environnemental de 2013 à 2050. La PCA a également été utilisée pour fabriquer la saison sèche composite. liste de points faibles.

4. Examen méthodique des analyses liées au changement climatique

4.1. Aperçu de l'analyse du changement climatique basée sur les mégadonnées

La signification du Big Data dans les examens liés à l'environnement est énormément perçue et ses procédures sont largement utilisées pour remarquer et filtrer les changements à l'échelle mondiale. Il fonctionne avec compréhension et anticipation pour permettre une navigation polyvalente ainsi que pour rationaliser les modèles et les conceptions.

Les articles d'enquête peuvent donner une construction coordonnée supérieure des enquêtes passées, de sorte que le centre significatif n'est pas gravé dans le marbre quant aux articles d'audit passés concernant l'association entre le changement environnemental et le Big Data. L'objectif important est de découvrir la manière dont différentes disciplines apparaissent dans les explorations connexes, limitant par la suite quand et comment les applications Big Data et la connexion avec les sciences de l'information sont présentées dans les études environnementales.

Il est remarquable que des problèmes environnementaux généralement sans ambiguïté soient remarqués (par exemple, la décarbonisation de l'énergie ou du système biologique terrestre) et leur véritable capacité à rester en l'air. Les deux classifications les plus impactées sont l'agriculture et les enquêtes sur les zones et les réseaux économiques urbains. Il s'agit là d'une bonne représentation de l'imbrication entre la recherche sur l'activité environnementale et les objectifs d'amélioration économique.

La qualité et la sécurité des biens agraires peuvent être garanties grâce à des arrangements donnés par l'Internet des objets (IoT) et l'informatique distribuée. Les innovations de détection à distance et d'intelligence artificielle permettent d'intégrer le Big Data dans des dispositifs d'administration prémonitoires et normatifs, afin d'améliorer, par exemple, la polyvalence des cadres agricoles. La virtualisation énorme des données dans le domaine de l'agriculture permet de virtualiser des éléments réels, par exemple des capteurs et des gadgets utilisés pour caractériser l'humidité du sol, les courants d'eau ou la salinité, où ces éléments peuvent fournir différentes données importantes à chaque période d'une chaîne d'informations pour faciliter la navigation. et la prise en charge des données. De plus, les procédures Big Data sont utilisées dans la reproduction des plantes, les idéotypes de cultures pour la sécurité alimentaire ou dans le système horticole de précision. La structure de l'agriculture intelligente de l'environnement signifie mettre à niveau la limite des cadres horticoles pour aider la sécurité alimentaire, soutenir la variation et soulager l'avancement économique de l'agriculture grâce aux innovations les plus récentes telles que l'IoT, l'IA, la géo-informatique et l'investigation Big Data. La méthodologie interdisciplinaire et précise d'utilisation du sol et le conseil pour atteindre les objectifs de maintenabilité connexes ont également été étudiés.

L'arrangement concernant la zone centrale des communautés et réseaux urbains raisonnables avec le onzième objectif d'avancement durable (Communautés et réseaux urbains durables) a été étudié par le biais d'audits. Données énormes, le conseil peut augmenter la chance pour les associations de répondre au pari du changement environnemental dans le temps et offre des perspectives pour envisager une création soutenable et des taux d'émanation plus faibles. De plus, l'IA peut être effectivement utilisée pour la préparation métropolitaine à faible émission de carbone. En dehors du domaine de l'industrie, la co-activité, la régulation et les arrangements naturels sont fondamentaux pour comprendre un climat d'assemblage possible. L'idée de communautés urbaines avisées cherche à survivre et à prévenir les changements environnementaux et les problèmes d'urbanisation. De plus, de brillantes stratégies de transport peuvent utiliser les avantages du Big Data. Dans ce climat avisé, les spécialistes en structure sont considérés comme de futurs chefs du pari et de la vulnérabilité pour développer davantage la force de la zone locale grâce à des programmes-cadres avisés.

Les études sur la force de l'environnement évaluent comment se préparer, récupérer et saisir les opportunités liées à l'environnement (Center for Climate and Energy Solutions, 2019). Enormous Data essaie d'aider ces exercices en fournissant un volume, un assortiment et des informations de qualité énormes pour découvrir des conceptions et permettre la démocratisation de l'information. De cette manière, l'approche Big Data peut agir comme une source de données clés pour les chefs en ce qui concerne la réflexion et l'ajustement des méthodologies appropriées, la résolution des problèmes actuels et imminents, ainsi que la reconnaissance des phases de récupération pour faire des mouvements dans le temps. Les médias d'information peuvent agir comme des données géolocalisées continues proches, qui peuvent maintenir la compréhension des développements sociaux et des cadres de mise en garde précoce. "La consolidation des médias d'information avec des informations sociales et biophysiques est essentielle pour confirmer les résultats et les prédispositions aux points de rupture lors de l'examen" . L'un des problèmes concernant les conditions métropolitaines est l'efficacité énergétique et les sous-produits des combustibles fossiles, pour lesquels les développements énergétiques nets zéro cherchent à apporter une réponse ainsi que l'utilisation d'une structure environnementale polyvalente pour la recherche énergétique nette zéro. De plus, les stratégies Big Data concernant l'IA renforcent la disposition des individus envers et la reconnaissance des changements écologiques non entièrement réglés . Les approches de données énormes et d'IA sont fondamentales pour combiner en profondeur des ensembles de données génomiques et environnementales hétérogènes.

Quoi qu'il en soit, des articles d'enquête ont étudié le potentiel d'utilisation des stratégies Big Data dans différentes régions. De plus, des aperçus approfondis sur le changement environnemental s'avèrent être dans une moindre mesure une concentration. Malgré le fait que l'information que les demandes d'examen sérieuses peuvent être de toute évidence déséquilibrée entre les disciplines, le dynamisme et la complexité des questions environnementales ne doivent pas être ignorés. Cette complexité aboutit à une méthodologie interdisciplinaire et à l'entrelacement de différentes disciplines, à laquelle l'idée de système de systèmes (traitement de l'environnement) est la réponse sérieuse.

4.2. Méta-analyse sur les méthodes d'analyses liées au climat

L'examen des mots croisés analyse les liens entre les slogans pour découvrir la conception et l'avancement des approches ou des applications. Les liens entre les mots d'ordre dans les articles de recherche "contiennent des données importantes sur la construction de l'information du domaine, ses idées importantes et leurs associations". Nous nous attendons à décider de différentes régions centrales, procédures et méthodes en ce qui concerne les examens des changements environnementaux axés sur les mégadonnées et à les mélanger pour permettre une meilleure utilisation des résultats explicites obtenus sur le terrain.

L'ensemble de données Scopus a été utilisé pour reconnaître les articles de comparaison à l'aide de l'enquête qui l'accompagne : par la suite, 442 articles ont été récupérés et le co-événement de leurs mots d'ordre est tombé en panne à l'aide de la visionneuse VOS. La période au cours de laquelle les articles ont été rédigés se situait entre les années 2012 et 2020. Dans la figure 3, sept groupes sont illustrés par un éventail différent de variétés qui englobent des sujets liés au changement environnemental et aux techniques d'application du Big Data.

Chaque groupe fait allusion à une région centre incluant son générique d'interrelations ainsi que les procédures et méthodes appliquées sur le terrain.

Le groupe "Rouge" indique les associations entre les avancées du Big Data et les stratégies appliquées pour la méthodologie d'amélioration, mesure l'effet du changement et de la force de l'environnement et formule des attentes. Des innovations sont envisagées, par exemple, le raisonnement informatisé, les calculs d'apprentissage, par exemple, l'IA et l'apprentissage en profondeur, l'examen de l'information, les organisations cérébrales et le traitement de groupe. Les réseaux cérébraux sont utilisés pour décomposer le changement environnemental, les attentes et la représentation climatiques, tandis que les stratégies d'IA sont utilisées pour une reconnaissance judicieuse et pour caractériser l'effet du changement environnemental et de la flexibilité. En outre, ils sont utilisés pour prévoir les pandémies et les maladies dans les contextes sociaux et écologiques, par exemple en raison des récoltes, de la maladie et des insectes de l'espresso ou des capacités de prétransfert. Des stratégies de groupement sur la base de l'informatique distribuée ont été appliquées, par exemple, pour planifier les changements dans les masses glaciaires. Une approche originale de l'IA a été créée par le National Renewable Energy Laboratory de la branche américaine de l' énergie en utilisant une préparation mal disposée dans la détermination de l'environnement, dans laquelle le modèle donne une "variété informée par la science physique au modèle de réseau super-objectif génératif mal disposé (SRGAN) , qui étend l'exécution démontrée sur le super objectif des images normales aux ensembles de données logiques". Cette avancée est équipée pour économiser du temps de calcul et le stockage d'informations, en outre, peut fournir des informations environnementales plus ouvertes à haut objectif qui peuvent être utilisées dans une grande variété de situations environnementales. Ces stratégies cherchent à évaluer les risques des dirigeants en ce qui concerne le bien-être humain et naturel en fournissant des données cruciales concernant les circonstances actuelles et en faisant des attentes sur ce qui est à venir.

Les slogans retenus pour le groupe "orange" décrivent principalement les problèmes et les transformations de l'environnement liés à l'horticulture. Les avancées de l'IdO, les cadres de données et les réseaux de capteurs seront assez souvent appliqués dans un domaine. Les grandes données augmentent l'hétérogénéité "entre les ranchs, les éleveurs, les environnements, les cultures, les sols, les actifs réguliers, les modèles, les procédures et les résultats des dirigeants, le cadre de la chaîne d'estime après la création et d'autres facteurs financiers d'intérêt" qui peuvent étayer les informations quant à l'idée de environnement agroalimentaire brillant (Rao, 2018). Les progrès de l'IdO se sont révélés utiles pour développer davantage l'efficacité dans le domaine complexe de l'agriculture. Des capteurs sont utilisés pour recueillir des données impératives sur le sol, le compost, l'humidité, la lumière du jour, la température et les données géographiques des terres agricoles pour l'observation ainsi que pour la connexion à différentes bases d'informations pour la reconnaissance des crédits (Yan-e, 2011). Le mélange de la robotisation et de l'IdO fait progresser les points de vue expansifs dans l'agro-industrie brillante, en tant que robots télécommandés pour effectuer des projets, astucieux et intelligents dynamiques à la lumière d'informations continues ainsi que pour stocker les dirigeants.

Le groupe "violet" traite des événements catastrophiques provoqués par les changements environnementaux, par exemple les inondations ou la dégradation de la qualité de l'air, et le pari lié au tableau. Les cycles dynamiques sont soutenus par des stratégies d'exploration de l'information et des enquêtes factuelles et spatiales. La récurrence des événements cataclysmiques aux Philippines a augmenté de 147 % de 1980 à 2012 et continue d'augmenter. Les énormes données par le biais de l'exploration d'informations jouent un rôle essentiel dans la création de cercles de critiques continus sur les événements cataclysmiques pour aider les dirigeants à réagir, à la sécurité, aux processus de modération ainsi qu'à la réaction et à la récupération, en plus d'élargir la flexibilité des résidents.

"Bleu clair" regroupe les modèles d'environnement qui caractérisent les communications des moteurs du changement environnemental. Des points comme l'environnement, la biodiversité, la faiblesse et la question du patrimoine hydrique sont intégrés. Les grandes procédures basées sur les données sont largement utilisées et l'importance de l'information ouverte doit être perçue. L'informatique distribuée et l'examen des vulnérabilités maintiendront généralement l'affichage des cycles de vie et des impacts climatiques. L'approche de la science de l'information ouverte garantit un climat simple et coopératif pour la recherche d'informations sur les changements environnementaux multi-modèles. Les données sur la diffusion géographique des rejets de substances appauvrissant la couche d'ozone peuvent être utiles pour la démonstration d'un objectif élevé.

Le groupe "vert" caractérise les sujets en fonction de la tournure gérable des événements, de la gestion des rejets de gaz, des substances nocives pour l'ozone, de la maîtrise de l'énergie et des arrangements naturels. L'examen des données et les innovations naturelles ainsi que le traitement vert visent à limiter les déchets dangereux tout en développant la compétence énergétique et la recyclabilité pour encourager l'idée d'une économie ronde. L'exploration d'informations, les calculs non exclusifs et les réseaux cérébraux sont lentement appliqués dans la recherche sur l'utilisation raisonnable, ce qui permet d'obtenir des résultats plus précis et mieux illustrés (Wang et al., 2019). La surveillance de l'utilisation efficace de l'énergie est une question généralement examinée qui prend en compte l'examen de l'influence des changements environnementaux concernant l'utilisation de l'énergie des structures du sol, l'évaluation du cycle de vie des éléments consommateurs d'énergie ainsi que la variation du traitement écologique pour réduire l'empreinte carbone des TIC. Le groupe "bleu" semble découvrir des systèmes pensés dans la climatologie, l'urbanisation et l'administration polyvalente. La détection à distance et le symbolisme des satellites rendent concevable la collecte de nombreuses informations qui soutiennent la planification et sont utilisées pour faire de nouvelles attentes. La télédétection par satellite évalue les processus et les conditions spatio - éphémères de l'air, de la terre et des mers, permet en outre, par exemple, de distinguer les changements environnementaux et l'effet des exercices humains sur l'efficacité des terres cultivées et de planifier les changements dans les ressources en eau . La vérification du carbone par perception satellitaire fournit des données sur les substances appauvrissant la couche d'ozone et les émanations qui peuvent être utilisées dans les processus d'évaluation en ce qui concerne l'examen du CO2.

Le groupe "jaune" comprend les examens d'informations liés aux changements environnementaux dans le monde, les techniques de perception, l'enquête sur les rechutes et l'examen des séries chronologiques. Les frameworks ouverts et les sources ouvertes acquièrent une considération perpétuelle dans ce domaine. Une représentation électronique d'informations époustouflantes sur l'environnement peut garantir aux chercheurs, aux superviseurs d'actifs, aux décideurs et à la population en général d'étudier les projections d'équilibre environnemental même au niveau du quartier . L'évaluation d'informations spatio-temporelles pour en acquérir des informations est un test complexe, néanmoins, un cadre scientifique visuel avancé peut soutenir des stratégies et des méthodes d'amélioration de l'exécution. Une structure perspicace de question de présentation d'élite qui propose un changement de réseau peut donner à un environnement compliqué la perception de l'information et la reproduction du modèle. Pour les examens de l'environnement naturel, une reconstitution de la perception 3D des informations sur les nuages gagne en considération dans les domaines de la conception de PC et de la météorologie.

L'utilisation d'avancées contemporaines telles que l'examen du Big Data et les modèles basés sur l'IoT est censée acquérir une base d'informations dans n'importe quel domaine en rassemblant et en décomposant d'énormes collections d'informations hétérogènes complexes. Cela permet de dynamiser l'élaboration de stratégies basées sur des preuves et de servir de dispositif d'aide au choix pour l'évaluation des risques et la variation de la flexibilité, tout en estimant les futures circonstances financières et écologiques provoquées par les changements liés à l'environnement. Les explorations du Big Data sont importantes en soi et contribuent à la compréhension du changement environnemental, mais traiter leurs résultats de manière coordonnée renforce le degré d'extraction des problèmes et donne de nouvelles réponses aux dirigeants.

4.3. Le rôle des sciences sociales dans les études sur le changement climatique

La plupart des articles sur les changements environnementaux ont leur place dans le domaine des sciences naturelles, suivi de près par les sciences de la Terre et des planètes, puis, à ce moment-là, par les sciences rurales et organiques. Curieusement, la quantité d'articles diffusés dans les sociologies passe avant les domaines du design et de l'énergie.

La mesure croissante des données et des informations rend indispensables les examens multidisciplinaires couvrant l'ensemble du domaine de la science et l'avancement de tels appareils logiques, car les informations amassées ne peuvent être utilisées directement sans systématisation et manipulation désignée.

Les problèmes de changement environnemental seront assez souvent liés à diverses disciplines ainsi qu'aux réflexions, modèles et arrangements d'examen liés à ces problèmes. Dans l'accompagnement, l'association critique entre l'environnement et les sociologies est évoquée. L'ensemble de données Scopus a été utilisé pour séparer les données importantes pour la méta-enquête.

La recherche d'une association avec les sociologies a donné 1 203 notices :. Les organisations concernant le co-événement des slogans faisant allusion à l'interrelation entre changement environnemental et sociologies.

A la lumière des points de passage, sept réseaux sont reconnus. La zone locale rouge intègre des émanations, des centres énergétiques et monétaires. La zone locale jaune intègre des hubs liés à l'environnement. La zone locale bleu clair couvre les contrôleurs et les problèmes concernant l'eau du conseil, tandis que la zone locale violette résume les idées liées au «changement», par exemple, la faiblesse, la transformation, etc. La zone locale verte intègre des branches de connaissances interdisciplinaires, tandis que la zone bleue sombre traite des mots d'ordre politiques et la zone locale orange représente des consolidations gérables.

Une relation déconcertante existe entre les cycles humains et normaux, y compris les contextes sociaux, politiques, géographiques et sociaux qui nécessitent une idée multidisciplinaire. Les changements écologiques appellent des changements financiers pour atténuer les impacts causés par les personnes et accroître la polyvalence. Des changements sont observés dans un éventail différent de régions comme l'agriculture et la sécurité alimentaire, la qualité de l'air, les eaux, l'utilisation de l'énergie, l'environnement terrestre ainsi qu'une augmentation de la température à l'échelle de la Terre. Ces problèmes doivent être supervisés grâce à une préparation essentielle et les dirigeants avec un sérieux coup de projecteur sur l'activité gérable à long terme. Les modèles financiers socio-environnementaux devraient coordonner les données sociales et biophysiques pour favoriser des méthodologies de modération et de transformation adéquates. L'effet du changement environnemental sur les ressources en eau est fondamental car il est lié aux inondations, aux périodes de sécheresse, aux tsunamis et à l'humidité. D'énormes processus basés sur des données sont utilisés pour décider, par exemple, des conditions et de l'adhérence du sol afin d'évaluer l'utilisation de l'énergie ou les rejets de substances nocives pour l'ozone qui permettent d'anticiper les cycles et les médiations idéales. Des calculs d'aide au choix, des modèles et des ensembles de données sont utilisés pour fournir une base de preuve à l'élaboration des politiques et à la réglementation ainsi qu'à la catastrophe du conseil d'administration. Ceux-ci peuvent être considérés à des niveaux faisant autorité, à proximité, sous-publics ou même mondiaux.

Les sciences socio-écologiques sont recherchées pour étudier la relation d'impact de la raison délibérée suite à l' effet naturel du changement environnemental provoqué par l'homme. En fournissant des informations hétérogènes et des modèles solides, des changements positifs peuvent être accomplis grâce à des discernements interdisciplinaires axés sur l'information qui ajoutent à une meilleure compréhension de la question complexe, filtrent les changements, soutiennent la direction et réalisent des médiations dans le temps.

4.4. L'importance de l'approche du système de systèmes

Le changement environnemental est peut-être l'un des principaux tests mondiaux qu'il convient d'accomplir. Pour déterminer l'une des difficultés liées au changement environnemental, "il est fondamental d'évoquer et d'incorporer des informations dans un éventail de cadres, éclairant le plan concernant les arrangements qui tiennent compte de la nature ahurissante et discutable des cadres singuliers et de leurs interrelations". La structure de l'arrangement du cadre (SoS) permet d'examiner les interdépendances entre les différents cadres (par exemple, les cadres humains, de données, écologiques et réels), donne donc une compréhension raisonnable de la nature ahurissante de la question. Les modèles de la science de l'information et de l'innovation des données soutiennent la combinaison de différents trains et résultats d'examens pour aborder un cadre socio-écologique éclairant de manière exhaustive la stratégie et les cycles dynamiques, auxquels on peut faire allusion en tant que traitement de l'environnement.

Pour mettre en évidence l'importance de l'utilisation de l'approche de l'arrangement des cadres, les travaux les plus récents basés sur le Big Data dans le domaine du changement environnemental ont été explorés, à la lumière desquels nous avons reconnu un système SoS. Dans l'organisation des utilisations, les hubs montrent les différentes explorations, et les bords abordent les connexions des résultats d'examen. Les applications Big Data ont été assemblées par objectifs d'amélioration économique, montrant par conséquent les engagements logiques envisageables avec différents domaines.

En traitant les informations satellitaires, le cadre créé peut filtrer les changements de la qualité de l'air, qui peuvent également être utilisés pour filtrer les régions agricoles. Le suivi des nuages aide en outre à évaluer l'évolution de la contamination de l'air, dont la fiabilité peut en outre être améliorée grâce à des arrangements de réduction d'échelle mesurables. Les informations de séries chronologiques extraites des images satellites soutiennent les conjectures à long terme, mais la représentation du mouvement des nuages peut également être utilisée pour affiner des décompositions à plus court terme. L'utilisation du symbolisme satellite comme source d'information dans l'arrangement métropolitain distingue également les arrangements cordiaux de l'environnement.

L'eau électronique du tableau peut être maintenue avec des modèles distincts des informations de séries chronologiques, mais des informations quelque peu détectées sur le flux d'eau complètent également l'eau agraire du modèle exécutif. De plus, en supposant que nous augmentons le but de l'information, nous pouvons également comprendre les liens de causalité liés à l'utilisation. En ce qui concerne la charge de base, les exemples de développement de la population offrent des portes ouvertes vivifiantes, mais peuvent également être coordonnés avec l'état des structures, ce qui soutient également la réalisation des entreprises d'aménagement métropolitain à un niveau plus élevé.

Les applications de symbolisme satellitaire rural peuvent être déplacées vers la vérification par satellite de la qualité de l'air, ou des informations de séries chronologiques peuvent être utilisées pour concevoir de meilleures intercessions agricoles. Par suggestion, l'aide par satellite joue un rôle important dans l'affichage de l'eau agricole aux dirigeants, mais les nouvelles sur les catastrophes donnent également une compréhension plus profonde de la contribution sociale. En évaluant la polyvalence des calamités dans diverses régions, le symbolisme satellite émet des critiques sur les risques qui pourraient être découverts après un certain temps. Les résultats satellitaires peuvent être confirmés par des informations de capteurs météorologiques et uniques sur place, et l'assurance contre les inondations des régions agricoles importantes peut également être organisée avec des modèles d'inondation.

Distinguer les conceptions dans les informations de séries chronologiques aide à la recherche dans de nombreuses régions différentes, qu'il s'agisse de l'eau rurale les cadres ou de l'assurance de l'espace de vie marin. Il permet de déterminer et de mieux appréhender le trafic du front de mer et étend la qualité inébranlable de l'évaluation de la polyvalence des catastrophes. En extrayant les séries chronologiques, les informations du symbolisme satellite, nous pouvons implicitement approuver les modèles en examinant les séries chronologiques ou distinguer les éléments de l'infection de la pomme de terre. La tournure des événements métropolitains et les aperçus de l'état des bâtiments montrent l'avancement du développement et de l'entretien du cadre, auquel la probabilité de problèmes d'assurance contre les inondations peut également être liée.

La réduction d'échelle factuelle aide à trouver les facteurs externes des conceptions d'utilisation distinguées en vue de la détection à distance et est similaire aux séquelles des dissections basées sur des images satellites. De plus, les méthodologies sont pratiquement identiques, ce qui renforce la confiance dans les modèles. Des informations améliorées sur les objectifs maintiennent l'organisation de l'assurance de l'environnement naturel marin, l'entrée d'évaluation des risques, mais peuvent également être utilisées pour décomposer les informations sur l'utilisation des bâtiments. La productivité des méthodes de réduction d'échelle peut être étendue avec la barre d'outils de l'Internet des objets. L'augmentation de la quantité de perceptions permet une représentation plus exacte des conditions climatiques du quartier pour évaluer les impacts des inondations et des îlots de chaleur, ainsi que d' autres points de vue pratiques de préparation métropolitaine .

L'observation de l'industrie du voyage en bord de mer peut être intégrée aux informations sur le trafic pour faire progresser le trafic des cadres et ainsi réduire les sorties de contamination. L'impact du transport sur les dommages aux plantes peut être intégré en tant que composant à disséquer, ou nous pouvons l'utiliser pour reconnaître les conceptions du développement de la population.

Les développements démographiques influencent l'utilisation de l'eau, peuvent nuire aux plantes, montrent la renommée des régions balnéaires, mais sont en même temps raisonnables pour développer davantage l'aménagement des véhicules. Le développement des occupants étant intimement lié à l'ossature, il s'agit d'une contribution véritablement importante à la préparation métropolitaine.

Les informations des capteurs de l'Internet des objets permettent de confirmer les extrémités tirées des images satellites, car une station d'estimation (Jimenez et al., 2019) élargit la quantité de perceptions, de cette manière de meilleures dispositions de réduction d'échelle peuvent être faites. Il a tendance à être utilisé pour l'étude causale des dommages morphologiques des plantes et soutient l'organisation de la demande d'eau du système d'eau agraire, mais peut également être intégré dans les modèles d'inondation.

Dans l'application Big Data, qui soutient la demande énergétique des dirigeants des structures, nous pouvons utiliser les informations sur l'utilisation de l'eau comme une extension, les options d'amélioration peuvent être positionnées à la lumière d'informations de séries chronologiques, ou à la lumière de séries temporelles extraites d'images satellites, qui peut être soutenue par une compréhension plus profonde des informations réduites sur la demande d'énergie, au motif que l'objectif de l'information d'information peut être amélioré.

À la lumière de l'arrangement introduit du système de cadres, on peut très bien percevoir comment les nouvelles séquelles des applications

Big Data liées au changement environnemental s'ajoutent à différentes régions. La détection à distance de l'utilisation de l'eau, l'étude de la teneur en eau des nuages et l'eau agraire que le modèle de carte ajoute à l'objectif d'eau propre et de désinfection. Organiser en vue de l'examen des informations sur le trafic, se concentrer sur l'évolution de la population et les modèles d'inondation soutiennent l'objectif de l'industrie, de l'avancement et du cadre. La préparation métropolitaine bien disposée de l'environnement, la vérification de l'intérêt énergétique des structures et la caractérisation de la polyvalence du fiasco assument une part importante dans la réalisation des zones et des réseaux urbains économiques. L'objectif Action pour le climat traite la plupart des trous d'information, donc l'examen, par exemple, la connexion des images satellites à la qualité de l'air, leur prétraitement, l'étude des informations de séries chronologiques et leur étude, les stratégies de réduction d'échelle, l'amélioration des informations sur les précipitations et la température, suite au développement de les brouillards ou simplement l'utilisation de capteurs IoT sont essentiels pour concevoir une technique permettant d'atteindre l'objectif environnemental. Pour la maintenabilité de la vie sous l'eau, des modèles d'espérance de vie marine et des mouvements humains en bord de mer peuvent être incorporés. De toute évidence, l'objectif de la vie à terre nécessite également un nouvel examen, où une enquête par satellite sur les services d'agriculture et de garde forestier, l'envoi de capteurs IoT, l'enquête sur les éléments climatiques des dommages à la pomme de terre, se concentrant sur la morphologie des plantes ou le divertissement basé sur le Web représentation de l'utilisation de l'huile de palme sont prometteuses. Les associations pour les objectifs sont fondamentales à plus d'un titre, d'un côté nous suggérons le rassemblement des administrations de l'environnement, ce qui correspond à l'idée de SoS que nous proposons, et d'autre part nous voulons vraiment coordonner l'information et donner des critiques à la société. Un instrument passionnant pour estimer l'adéquation des mesures liées à l'environnement et à la gérabilité est l'examen des remarques d'information.

Il est essentiel que la recherche Big Data sur le changement environnemental puisse être utilisée dans différentes régions et comme le montre la collecte des ODD à la figure 5. De cette manière, à la lumière de la perspective SoS suggérée, les séquelles particulières des activités de travail innovantes liées à la maintenabilité peuvent être coordonnés, ce qui améliore la collecte et l'utilisation des informations.

5. Conversation

Cet article décrivait l'exigence fondamentale d'objectifs de travail innovants pour comprendre et traiter les problèmes ahurissants du changement environnemental à travers les appareils Big Data. Les applications axées sur l'information ont été inspectées par le biais de l'enquête co-événement sur les slogans, qui ont montré l'utilisation illimitée des innovations et des instruments de Big Data, néanmoins, les examens approfondis et intégratifs sont moins prédominants.

Cet examen visait à présenter le point de vue des cadres de cadres (SoS) en tant que moteurs et impacts de l'environnement ainsi que leur flexibilité et leur transformation non entièrement réglées sans l'étude des énergies coopératives entre les nouveaux modèles d'exploration et les trains. À la lumière de la perspective SoS suggérée, les séquelles particulières des entreprises de travail innovantes liées à la gérabilité peuvent être coordonnées, améliorant ainsi la collecte et l'utilisation des informations. Les dispositifs des sciences de l'information et des cadres peuvent assumer un rôle urgent dans la reconnaissance des difficultés de l'environnement et la modération des portes ouvertes en raison de la coordination d'informations et de modèles hétérogènes, et l'investigation de la connexion entre les éléments naturels et sociaux. Ce raisonnement coordonné jette les bases de futurs modèles prometteurs de représentation de l'environnement.

Il peut très bien être garanti que l'examen d'élite des variables climatiques ne peut pas réaliser une transformation clé adéquate sans l'aide de quelqu'un d'autre, plutôt que les éléments socio-naturels devraient être incorporés dans les modèles de changement environnemental.

Pour atténuer les effets du changement environnemental et des variations fructueuses, il faut une préparation clé du changement environnemental convaincante par les nations dans leur ensemble, dont la direction nécessite des modèles complexes et des sources de données. La boîte à outils Big Data permet la systématisation, le traitement et l'évaluation d'informations et de sources de données hétérogènes, ce qui est irréalisable avec les instruments d'examen disciplinaire conventionnels. L'harmonisation des informations logiques en croissance constante et des sources d'informations élargies liées au changement environnemental pourrait être l'une des tâches les plus difficiles pour les scientifiques plus tard. Cette exploration a introduit les instruments d'examen du Big Data et leur engagement à étudier les attributs du changement environnemental ainsi que les partenaires liés à l'activité environnementale, par exemple, la soutenabilité et les sociologies qui sont fondamentales pour la tournure fructueuse des événements et l'exécution des systèmes.

Chapitre 4 Évaluations des changements climatiques, des perturbations météorologiques et des effets sur les ménages

Le changement environnemental, qui consiste à modifier le cadre environnemental sur une étendue significative et sur une vaste région en raison de cycles réguliers ou en tant que résultat de l'action humaine, est devenu un problème mondial. Les cycles réguliers ont un peu d'engagement envers le changement environnemental, tandis que l'action humaine est le principal donneur. Le Groupe d'experts intergouvernemental sur l'évolution du climat (GIEC) a annoncé que la preuve de l'impact humain sur le changement du cadre environnemental est claire. Le changement environnemental est lié aux avancées financières mondiales qui ont un impact sur l'amélioration de l'industrialisation, y compris l'émanation de substances appauvrissant la couche d'ozone. Les substances appauvrissant la couche d'ozone comprennent quelques gaz; l'un d'eux est le dioxyde de carbone (CO_2), qui est principalement créé par des exercices consommateurs d'énergie. L'accent mis sur le CO_2 a augmenté de 31 % à partir de 1750 environ, ce qui a été principalement provoqué par la déforestation, les exercices de transport et la zone moderne. Les chercheurs ont vu le changement des cadres environnementaux à travers certains signes : la température moyenne mondiale a augmenté de 0,6 °C à partir de 1861 environ, puis de °C tout au long du vingtième siècle. De plus, le niveau mondial des océans s'est élevé de 0,1 à 0,2 mètre au cours du vingtième siècle. Au final, l'enneigement et le degré de glace ont diminué d'environ 10 %.

Il est prévu que les changements environnementaux influencent à la fois le climat et l'humanité, bien que le bien-être humain soit impacté par la condition biologique. Les changements environnementaux influencent les gens de manière antagoniste, y compris leur bien-être, à plus d'un titre. L'augmentation de la température mondiale entraîne certains problèmes pour les personnes souffrant d'infections respiratoires telles que l'asthme. Une exploration a révélé une augmentation de la fréquence de l'asthme grave lors d'une tempête de pluie pendant la saison des poussières en raison de la sensibilité. Un autre cas a révélé que les précipitations élevées, les températures élevées et le vent ont un impact sur les tâches proactives en plein air des individus, y compris les jeunes. Le travail actif est l'un des déterminants du bien-être. Un autre impact des changements environnementaux sur le bien-être est lié aux maladies à transmission vectorielle. De cette manière, en raison des fluctuations de l'environnement, de la situation financière, de la capacité de contrôle des vecteurs et de l'opposition aux médicaments, selon cette preuve, le changement environnemental et le bien-être humain sont interdépendants.

En tant qu'État archipel majeur, l'Indonésie fait partie des nations sans défense contre les changements environnementaux compte tenu de sa position géologique et de son environnement subtropical ; il a également une grande densité de population, qui dépend de l'agriculture. L'ascension du niveau de l'océan, les inondations, la saison sèche et les avalanches sont divers types de périls liés aux changements environnementaux qui nuisent à l'Indonésie. Le changement environnemental en Indonésie a été observé à partir de l'augmentation de la température d'environ 0,3 ° C à partir de 1990 environ, et il s'est produit en toutes saisons toute l'année. Pendant les précipitations, il était prévu que l'Indonésie recevrait environ 2 à 3 % de précipitations supplémentaires chaque année en raison des changements environnementaux. Au cours des trente dernières années, l'Indonésie a connu quelques fiascos, dont 80 %

étaient liés aux changements environnementaux. Cela a montré que l'Indonésie est un pays vraiment faible face aux changements environnementaux.

Yogyakarta est une ville d'Indonésie qui a été confrontée au changement environnemental, en se souvenant de son effet sur le bien-être. En tout cas, des recherches restreintes ont estimé les changements environnementaux et leurs effets ici. L'examen a montré que la température dans les régions métropolitaines de Yogyakarta avait changé par rapport à la région rurale ; cette traque a démontré que la ville s'avère chaude. Le changement de la couverture terrestre était une variable qui a déclenché le déplacement de la température dans les régions métropolitaines de Yogyakarta. Une autre occasion de changement environnemental qui s'est produite à

Yogyakarta est l'environnement scandaleux. Dernièrement, Yogyakarta a été frappée par une tornade qui a assez affecté le grand public. Lors de cet événement, l'énergie concentrée de l'averse a provoqué des inondations dans certaines zones de Yogyakarta.

L'augmentation de la température et l'événement des typhons et des inondations, qui sont des assortiments d'influences du changement environnemental, ont eu un impact sur le bien-être humain à Yogyakarta. Les spécialistes du bien-être des quartiers ont enregistré au cours de la dernière décennie le nombre de maladies à transmission vectorielle, par exemple la dengue, qui s'est multipliée entre 2001 et 2010. Ils ont également révélé des cas de leptospirose certaines années. Les deux maladies pourraient être liées à une puissance de précipitation élevée à Yogyakarta en tant qu'effet du changement environnemental.

L'enquête sur la compréhension des jeunes liée à l'influence du changement environnemental sur le bien-être est un segment de base pour certaines raisons. Pour commencer, avoir une limite polyvalente supérieure par rapport aux adolescents est important. En tant que modèle simple, en supposant que les enfants comprennent que l'exposition au soleil nuit à leur peau, ils appliqueront une assurance appropriée. Connaître l'inclinaison du répondant vis-à-vis des données sources sur les changements environnementaux est un élément fondamental pour fournir des données puissantes et compétentes. Deuxièmement, un adolescent ou un jeune est un résolveur de problèmes légitime dont le travail concevable est un transporteur de messages de changement environnemental. Certaines enquêtes se sont effectivement connectées aux jeunes en tant que transporteur de messages. En tout cas, un certain nombre d'études ont porté sur le travail des jeunes dans le changement environnemental, à l'instar de l'Indonésie. Malgré le fait que l'examen ait été mené pour attraper le discernement juvénile dans un point comparatif, il a été coordonné dans un petit cadre. En ce sens, créer une recherche dans un contexte plus large est fondamental.

Compte tenu de l'ensemble de la fondation, le point de vue des adolescents en ce qui concerne l'influence des changements environnementaux sur le bien-être est essentiel à noter. Par conséquent, nous faisons allusion à la règle du GIEC dans le cycle de transformation où l'information est devenue l'une des six parties dans l'exécution de la variation. Dans notre contexte, nous nous sommes connectés avec les jeunes en tant que composante de la zone locale, qui pourraient jouer un rôle dans la diffusion des messages de changement environnemental dans la zone locale en tant que caractéristique de la préparation à la transformation du changement environnemental. Notre examen visait à évaluer les informations sur le développement des adolescents concernant l'influence des changements environnementaux sur le bien-être et à donner des suggestions d'activités appropriées pour élargir les informations des jeunes.

2. Matériels et méthodes

Cette étude transversale a été menée dans la ville de Yogyakarta, en Indonésie. Le nombre d'habitants de notre étude comprenait 18 899 étudiants en deuxième cycle du secondaire. En tenant compte d'un niveau de certitude de 95 %, d'une erreur de bord de 0,59 % et d'une prédominance de moitié, la taille de l'exemple de base requise était de 376 doublons (rendu Epi Info 7). De même, nous avons isolé l'école en quatre regroupements : lycée général, lycée professionnel, lycée public et lycée confidentiel. Vingt écoles, dont on se souvient pour notre exemple comme une représentation de 83 écoles de la ville de Yogyakarta, ont été choisies au hasard. Un total de 508 étudiants qui étaient en 2e année du secondaire supérieur ont été inscrits pour cet examen.

Des informations ont été recueillies de juin à septembre 2016. Nous avons contacté des doublures à qui l'école a montré qu'elles rejoignaient cette exploration dans leur classe principale. Avant l'examen, une clarification de l'examen a été donnée, y compris des données sur la possibilité d'arrêter l'examen sans discipline. Pour les étudiants qui ont consenti à participer à cet examen, un consentement éclairé composé a été obtenu de leur part.

Le sondage a été divisé en trois sections : enquêtes générales, changement environnemental et bien-être, et inclinaison des données sources. Le segment initial comprenait 13 enquêtes portant sur le discernement des changements environnementaux dans le système global. La partie suivante concernait la perception des membres sur le changement environnemental et le bien-être (10 demandes, par exemple, l'effet des occasions de changement environnemental sur le bien-être des personnes et leur inclination à la source de données sur le changement environnemental et le bien-être. Chaque réponse du répondant a été notée comme 1 point La troisième partie concernait l'inclinaison des sources de données.

L'approbation morale de cette étude a été acquise par le comité d'examen éthique de l'Universitas Ahmad Dahlan, Yogyakarta, Indonésie.

Un examen a été créé par Microsoft Excel et SPSS pour communiquer la récurrence et le total pour chaque demande.

3. Résultat

Les répondants ont estimé que les changements environnementaux n'étaient pas un problème important; un peu moins de 15 % des personnes interrogées ont qualifié le changement environnemental de problème vital. Les membres se sont concentrés plus sur le dénuement et la pénurie de nourriture et d'eau. Environ 5% des membres s'attendaient à ce que le degré de sérieux de la région vis-à-vis du changement environnemental soit un problème intense, tandis que du point de vue des membres, environ 7% des répondants pensaient que le changement environnemental était un problème difficile. La plupart des membres ont déclaré connaître assez bien la raison du changement environnemental (79,53 %), le résultat (53,94 %) et l' effort pour gérer le changement environnemental (59,45

%). La grande majorité d'entre eux ont également accepté que le changement environnemental est une interaction robuste en raison de leur supposition que le changement environnemental est provoqué par un cycle caractéristique (51,18%), non provoqué par le mouvement humain. Les répondants pensent modérément (51,18%) que le CO2 affecte exceptionnellement les changements environnementaux. En outre, 77,36 % des répondants ont convenu que le quartier moderne avait un engagement impressionnant envers le changement environnemental. Plus de la moitié des répondants ont contredit l'explication selon laquelle la preuve du changement environnemental n'est pas convaincante. En outre, plus de 60 % des personnes interrogées savaient que l'élévation du niveau de l'océan et les inondations étaient en quelque sorte des facteurs d'influence des changements environnementaux .

Le changement environnemental est un problème difficile partout. De la même manière, un effort légitime pour limiter l'effet doit être tenté par le soulagement et la variation. Le manque d'informations sur les changements environnementaux dans le grand public a un impact sur leur capacité à modérer et à transformer les efforts. Les ados, incontournables pour le grand public, sont un rassemblement appelé à affronter désormais les mutations de l'environnement. Là encore, les adolescents sont d'excellents solutionneurs de problèmes pour transmettre des messages de changement environnemental. Connaître et trouver le trou dans l'information des jeunes sur les changements environnementaux est fondamental pour donner un engagement légitime aux jeunes . Il existe une évaluation en développement selon laquelle l'information est l'un des problèmes centraux fabriquant localement une limite polyvalente, de sorte que l'estimation de l'information est essentielle.

Dans cette revue, nous avons estimé les informations sur les changements environnementaux chez les jeunes qui étaient au lycée. Grâce à un sondage organisé, nous avons repéré quelques lacunes d'information parmi les membres. Pour commencer, les membres ne considéraient pas le changement environnemental comme une question difficile ou ils avaient une faible attention au changement environnemental. La vision malheureuse peut-être liée à leur point de vue selon lequel la preuve du changement environnemental n'est pas convaincante. Ce résultat n'était pas le même qu'une exploration en République tchèque qui distinguait que plus de 80% des candidats à l'examen (les jeunes) avaient une grande attention au changement environnemental. De plus, les membres n'ont pas perçu que le changement environnemental est provoqué par des éléments anthropiques. Par conséquent, on peut très bien voir de leur point de vue que le changement environnemental était un cycle fort; de même, ils ont énoncé que le changement environnemental est provoqué par une interaction caractéristique. Là encore, il est évident que les gens ont contribué de manière significative à l'expansion des substances appauvrissant la couche d'ozone, ce qui a déclenché une augmentation de la température à l'échelle de la Terre et des changements environnementaux. Ainsi, comme l'a exprimé le GIEC, l'ensemble de la population doit cesser d'émettre des substances nocives pour l'ozone afin de prévenir l'influence extrême des changements environnementaux.

Malgré le fait que les membres disposaient d'informations malheureuses sur la raison du changement environnemental, ils se rendent compte que le changement environnemental affecte véritablement le bien-être humain. Un résultat similaire a été exprimé dans un examen au Bangladesh, où les adolescents avaient une compréhension décente de l'effet du changement écologique sur le bien-être. En tout cas, dans cette exploration, il a été reconnu que les jeunes ne voyaient pas profondément quel type de bien-être était impacté par le changement environnemental. Par conséquent, on a tendance à considérer du point de vue des membres que le changement environnemental n'influence que les maladies irrésistibles et n'affecte pas les maladies non infectieuses comme les infections cardiovasculaires. Compte tenu de ce résultat d'exploration, il est important d'intégrer la science du changement environnemental dans les plans éducatifs des écoles, comme indiqué dans un concentré en Autriche et au Danemark, ce qui est fondamental pour développer davantage la formation en science du changement environnemental, y compris par le biais du système éducatif.

Les membres ont découvert que leur principale source de données sur les changements environnementaux provenait de leur famille. Nous avons été étonnés de la façon dont, dans la période avancée, la plupart des adolescents étaient tout en s'accrochant aux valeurs familiales. Cette constatation est fiable avec une exploration où les jeunes ont obtenu des données sur la contraception auprès de la famille, des compagnons et de l'école, qui sont des médias non numériques. Cette exploration a été dirigée à Yogyakarta qui est une petite ville qui maintient l'estime de la famille. C'est peut-être la raison pour laquelle les doublures, qui sont nos répondants, ont déclaré que la famille est la source essentielle des données.

L'inclinaison des sources de données des membres suivants était les médias informatisés, de masse et électroniques, qui étaient Internet, la radio et la télévision, les articles logiques et, en outre, les journaux et les magazines. La télévision est un moyen de divertissement bien connu dans le peuple indonésien en raison de sa simplicité et de son efficacité. Ce résultat d'exploration ressemblait pratiquement à un examen en Inde où environ 60 % des personnes interrogées ont déclaré que la télévision était leur source de données sur les changements environnementaux. Entre- temps, l'utilisation de téléphones portables ou d'engins est devenue un mode de vie bien connu également en Indonésie. Le rapport Statista a déclaré qu'en 2017, les clients de téléphones portables en Indonésie se sont rapidement développés à partir de 2011 environ. D'ici 2017, on estime que plus de 60 millions de personnes utiliseront des téléphones portables en Indonésie, soit près de 24% de la population absolue de l'Indonésie. De même, les téléphones portables pourraient être un instrument prometteur pour diffuser des données, en se souvenant de l'influence des changements environnementaux sur le bien-être. Cette constatation était conforme à une étude exprimant que les médias informatisés doivent être considérés comme le principal outil de promotion du bien-être général, et pas seulement comme un instrument supplémentaire.

Dans l'ensemble, la façon dont les membres pourraient interpréter le changement environnemental et ses effets sur le bien-être humain n'est pas assez fiable. Par exemple, ils ont dit que le changement environnemental est provoqué par une interaction caractéristique, mais là encore, ils ont convenu que l'espace moderne est l'une des raisons du changement environnemental. Dans un autre modèle, les répondants ont déclaré que le changement environnemental affectait le bien-être humain, mais ils n'ont pas proposé de réponses adéquates sur l'effet du changement environnemental sur les maladies non infectieuses. Fondamentalement, le manque d'informations des jeunes adultes sur le changement environnemental influence leur point de vue sur le changement environnemental lui-même, en se souvenant de l'effet sur le bien-être. L'amélioration de l'information juvénile doit être conforme à l'amélioration de l'ensemble du partenaire, rappelant les dirigeants de la zone scolaire. Notre examen comporte quelques contraintes. Pour commencer, cette étude n'a été menée que dans l'un des rares districts, de sorte que la création du résultat dans différentes régions doit être effectuée avec prudence. Deuxièmement, il était difficile de garantir la réalité des réponses des membres.

Faisant allusion à cet examen, nous proposons que les enquêtes futures favorisent un programme qui entend travailler sur l'information et la conscience de toute la zone locale à travers un programme incorporé, qui ciblera les jeunes ainsi que d'autres parents et dirigeants. Ce programme pourrait être exécuté dans un cadre plus étendu pour affecter généralement la zone locale. De même, il devrait être possible de développer la conscience du changement environnemental chez les adolescents en utilisant des médias célèbres, comme la télévision, la radio et le divertissement virtuel, pour prouver le changement environnemental grâce à une vivacité incroyable. De même, nous recommandons que l'évaluation des informations se termine ultérieurement par une évaluation de la formation pour avoir une fin approfondie.

Chapitre 5 Alertes météorologiques, effets et capacité des ménages

Un tas de facteurs de risque rend souvent les hésitations payantes et l'utilisation des familles dans les pays non industrialisés. Le degré de ces hésitations dépend de quelques variables, dont les dons familiaux, leur degré d'ouverture à de tels dangers et leur capacité à s'adapter à ces chocs. L'arrangement des bénédictions familiales intègre des facteurs tels que les possessions de ressources (par exemple, la terre, les animaux), les réalisations instructives, l'expertise, l'expérience, etc. L'arrangement des facteurs de risque auxquels les familles sont confrontées implique à la fois des éléments particuliers (décès ou maladie du chef de famille) et covariables (par exemple, dommages dus à une inondation). Enfin, la capacité des familles à s'adapter aux chocs repose sur leur accès à des éléments de protection formels et occasionnels (par exemple, obtenir des compagnons et des usuriers), qui ont des ramifications importantes pour leurs possibilités d'utilisation futures, étendant ainsi leur faiblesse à besoin. Dans cette revue, en utilisant un indice informationnel de 1 909 familles à partir d'un aperçu centré sur les chocs et les stratégies de survie, nous explorons l'effet des chocs climatiques tels que les malheurs ruraux (par exemple, les dommages aux cultures) ou les dommages matériels provoqués par des événements catastrophiques sur la prospérité familiale. Nous explorons l'effet de ces chocs sur diverses classifications d'abondance des familles.

L'imprévisibilité des salaires familiaux ainsi que différentes variables, en cas de choc, ont un impact défavorable sur l'utilisation familiale. Par conséquent, les familles sont confrontées à un compromis ex post entre la sauvegarde des utilisations alimentaires et non alimentaires. Le sens de tels compromis s'avère particulièrement urgent au regard des contextes nationaux et géologiquement éprouvés des pays émergents. Les objectifs derrière cette particularité sont doubles, le besoin étant le premier. La seconde est l'absence de systèmes formels de protection et de partage des risques. Bien que les résultats changent d'un pays à l'autre, l'écriture sur le partage des paris recommande que les familles, dans l'ensemble, trouvent comment préserver l'utilisation des aliments même avec des chocs excentriques sur l'utilisation non alimentaire. Dans cette circonstance unique, en raison de l'absence d'éléments de partage de jeu occasionnel satisfaisants pour atténuer les effets défavorables d'un choc, les familles tentent de lisser leur utilisation alimentaire ex post en modifiant leur utilisation non alimentaire.

Néanmoins, cette composante n'est pas aussi directe pour les familles confrontées à des chocs covariants. Dans un examen d'adaptation aux chocs sur l'Éthiopie rustique, la réaction des familles réticentes au risque aux chocs réguliers et financiers entraîne à la fois une diminution de l'utilisation de la nourriture et l'épuisement des fonds de réserve. Ces changements décroissants dans l'utilisation des aliments sont également susceptibles d'être plus importants pour les familles dirigées par des femmes dans un rapport sur les ménages éthiopiens. Dans l'ensemble, ils réduisent l'utilisation de la nourriture dans une plus grande mesure par rapport à leurs partenaires masculins. Un autre rapport se concentre sur la façon dont les vulnérabilités provoquées par des facteurs climatiques (en particulier les précipitations et la température) influencent la relocalisation humaine au Bangladesh par le canal de l'efficacité horticole. Ils constatent qu'une diminution de la rémunération rurale, provoquée par les variations climatiques, entraîne une augmentation du taux de relocalisation.

Les techniques de survie adoptées pour supporter les dépenses des chocs et pour garantir le degré d'utilisation des flux déterminent les impacts de l'aide publique générale des chocs. Dans les économies émergentes à bas salaires, où le système de protection approprié fait largement défaut, les familles peuvent atténuer les risques d'utilisation des événements défavorables en adoptant un solitaire ou un ensemble de techniques de survie occasionnelles. Les familles peuvent apporter des modifications à leur rémunération et à leur utilisation ex post en participant à divers exercices occasionnels à faible rémunération. Les familles pourraient être obligées d'attirer les enfants dans la zone des cols bleus occasionnels au lieu de les envoyer à l'école. Les familles pourraient investir des ressources dans des récoltes et des ressources acceptables et à faible rendement. Les ménages peuvent recourir à l'utilisation de leur épargne, en obtenant des compagnons et des membres de la famille ou des usuriers avec des coûts de financement exorbitants. Les familles peuvent être contraintes de vendre leurs ressources utiles et leurs animaux domestiques. Chacun de ces plans de modération de pari peut contribuer à lisser le niveau de flux d'utilisation de la famille en période transitoire à la suite d'un choc.

Quoi qu'il en soit, les méthodes de survie telles que l'obtention et le dépouillement de ressources utiles ont des ramifications exceptionnellement élevées à long terme pour les familles. De telles façons de faire face à l'atténuation des risques peuvent conduire les familles à l'obligation, provoquant la chute de leurs niveaux d'utilisation futurs et agitant les familles tout au long du dénuement. Les répercussions de la vente de ressources utiles peuvent aller de l'augmentation du coût de la valeur de la collecte de ressources humaines à la chute dans des pièges intergénérationnels du besoin (la dernière option peut être observée dans d'autres cas extrêmes pour les familles les plus malheureuses). De nombreuses preuves d'observation montrent que les familles offrent des ressources pour l'utilisation du berceau. Par exemple, dans un exemple de familles zimbabwéennes à la suite d'un choc de la saison sèche en 1994-1995, qui a entraîné une chute considérable de la création de cultures et des salaires, les familles détaillant les affaires de taureaux sont passées de 15,3 % en 1995 à 36,3 % en 1996. Fait remarquable, près de la moitié de ces échanges ont eu lieu pour acheter de la nourriture pour les familles.

Le Bangladesh est une plaine de delta fluvial de faible altitude traversant 147 570 kilomètres carrés. Il est situé en Asie du Sud entre 20°34' et 26°38' de portée nord et 88°01' et 92°41' de longitude est, avec un rivage sur le littoral nord du golfe du Bengale. Le Bangladesh est l'un des pays les plus enclins aux calamités de la planète et il est profondément impuissant face aux changements environnementaux en raison de sa zone géophysique intéressante. Avec sa longue histoire d'événements catastrophiques, de telles catastrophes déchaînent constamment la destruction dans la vie des individus dans ce pays densément peuplé. Malgré cela, depuis sa liberté en 1971, la nation a fait des progrès étonnants dans la réduction des besoins, en développant davantage le taux d'éducation, en améliorant l'accès à l'eau potable et à la stérilisation, en diminuant le taux de mortalité des nouveau-nés et en ce qui concerne les autres marchés financiers. Le rythme d'indigence au niveau public basé sur la proportion de tête incluse a diminué à 24,3% en 2016 contre 31,5% en 2010. Dans la province du Bangladesh, le niveau de familles bénéficiant des programmes de filets de bien-être social (SSNP) est passé d'environ 30,1 % en 2010 à 34,5 % en 2016. Dans tous les cas, cette mesure ne reflète pas la divergence provinciale des niveaux de dénuement et la gravité de l'indigence dans les régions rustiques. En 2016, le taux d'indigence était essentiellement aussi élevé que 47,2 % dans la division de Rangpur avec un taux de dénuement maximal de 48,2 % dans ses régions rurales. Cette zone est impuissante face à l'incertitude alimentaire, exsudant la variété occasionnelle des rémunérations des récoltes.

Au cours de la période de 30 ans, le Bangladesh a persévéré au nord de 200 événements cataclysmiques. Les événements cataclysmiques, par exemple les inondations, les typhons, l'engorgement des eaux, les tempêtes, les inondations, etc., causent d'énormes dommages à la création agraire, à la fondation du pays et à la propriété. Différents types d' événements catastrophiques au Bangladesh ont provoqué un déficit de 184,25 milliards de BDT. La variété des cours d'eau, la désintégration du bord de mer et l'affaissement des terres, ainsi que sa position géologique et ses conditions climatiques antagonistes, ouvrent le Bangladesh à des degrés scandaleux de risque de calamité et de faiblesse.

Parmi les différents types de débâcles, les inondations sont la principale source de malheur, contribuant à 23,3 % des dommages, suivies par la désintégration du front de mer ou des cours d'eau (19,76 %), la tornade (15,41 %) et l'engorgement (8,72 %). Différentes classifications, notamment sécheresse, cyclone, tempête ou crue, pluie torrentielle, avalanches, salinité, grêle, etc., enregistrent ensemble 32,30 % des dommages à la vocation et aux ressources familiales. Dernièrement , deux ouragans importants, Amphan (en 2020) et Bulbul (en 2019), ont fait de graves dégâts dans les régions touchées. Amphan a touché environ 2,2 millions de familles avec une perte estimée à 3,25 milliards USD et Bulbul a touché environ 722 674 familles et causé des dommages-cadres d'une valeur de 5,5 millions USD (FICR, 2019,

2020). Les spécialistes prévoient que la récurrence et la gravité de ces types de calamités normales vont probablement augmenter avec les changements environnementaux.

Les chocs sont caractérisés comme des occasions susceptibles de nuire à la prospérité des familles à court terme ou à long terme. À court terme, les chocs peuvent avoir un impact sur la prospérité en affectant le flux de rémunération (par exemple, en raison de la baisse de l'offre de main-d'œuvre) ou l'utilisation ou la vente de ressources utiles. Là encore, la mesure dans laquelle les chocs peuvent influencer la prospérité des familles à long terme dépend de la capacité des familles à conserver les chocs et des décisions prises pour s'adapter aux chocs. Un contraste critique entre les chocs de bien-être et les chocs climatiques est que les précédents ne peuvent pas être gravés dans le marbre, et les derniers types d'options sont pour la plupart provoqués par des puissances régulières et toujours en suspens. Dans ce chapitre, nous examinons principalement l'effet des chocs climatiques et d'autres chocs financiers non liés au bien-être (par exemple, le chômage ou les difficultés commerciales) sur l'utilisation de la famille. Avec l'objectif final de ce chapitre, les chocs climatiques sont largement répartis dans les classifications qui les accompagnent : dommages aux cultures, pertes d'animaux, et dommages à la pêche et aux biens provoqués par des événements cataclysmiques. Les malheurs dans les affaires et la perte de travail sont regroupés en chocs financiers, et les autres chocs sont classés en chocs différents. Les dommages matériels causés par le feu sont également considérés comme un autre événement hostile.

De plus, à peine plus d'occasions sont également incluses, qui ne peuvent donc pas être qualifiées de chocs, mais incluent des utilisations inégales qui pourraient complètement affecter la prospérité de la famille. Les épisodes, par exemple, les frais de mariage et de partage ou de déplacement à l'étranger sont mémorisés pour cette classe. La légitimation du souvenir de telles occasions réside dans la façon dont les familles s'obligent souvent à acheter auprès de prêteurs, d'établissements financiers ou de compagnons et de membres de la famille, ou manquent de ressources utiles en les vendant ou en les vendant pour faire face à de tels épisodes. Dans les deux cas, l'utilisation des familles pourrait chuter fondamentalement, dans une certaine mesure à court terme, en fonction des variables explicites de la famille. Les familles examinées sont priées de fournir des informations sur la récurrence des événements, tous les malheurs monétaires dus au choc, les coûts engendrés et les méthodologies adoptées pour s'adapter au choc.

Les taux de chocs les plus remarquables et les plus faibles sont observés par les familles ayant une place avec les quintiles d'abondance les plus remarquables (27,7%) et du centre (16,0%), individuellement, avec 22,1% des plus malheureux exprimant quelque chose de très similaire. Parmi les chocs covariables, les dommages aux cultures donnent l'impression d'être le choc significatif, influençant le niveau de familles le plus élevé (16,6 %). A cela s'ajoutent les malheurs des animaux ou de la pêche, affectant 6,3% des familles et les dommages matériels dus à des événements catastrophiques (3,5%). Comme on le voit en raison de la rencontre de quelque chose comme un choc au cours de la dernière année d'examen, aucun exemple indubitable n'est distingué pour chaque type de choc contre l'état d'abondance des familles.

Une grande partie des familles (77,7%) rapportent qu'elles ne peuvent pas s'adapter aux chocs, ce qui suggère qu'elles négligent d'utiliser les sources de soutien à la lumière des chocs ou qu'elles sont obligées de les utiliser de manière insuffisante. Cette impuissance à s'adapter aux chocs est exceptionnellement élevée pour les dommages aux cultures (94%) et les pertes d'animaux ou de pêcheries (88,5%). Ces deux sont dans l'ensemble les chocs de salaire les plus immédiats avec un effet rapide pour les familles qui comptent sur les exercices agraires pour l'endurance. Ainsi, lorsque ces chocs se produisent, la grande majorité des familles négligent de faire un geste puissant dans le court terme pour compenser le malheur.

L'utilisation par la famille des salaires et des fonds d'investissement augmente jusqu'à 17,3 % et 19,2 %, séparément, pour se remettre d'un malheur matériel dû à des événements cataclysmiques. Ces actions sont censées être liées à des hésitations momentanées dans le degré de prospérité familiale. Néanmoins, les informations présentent l'importance des systèmes qui vont probablement avoir des effets néfastes à long terme, tels que l'acquisition auprès de diverses sources et la vente ou la vente de ressources. Les familles impactées ont recours aux emprunts auprès des compagnons ou des membres de la famille et des IMF pour se prémunir contre différents chocs. Les familles recourent à des emprunts auprès des IMF dans 4,7% des cas pour faire face à un besoin rapide d'actifs induit par les chocs antagonistes.

Aussi, en cas de dommages matériels dus à des événements catastrophiques, 9,6% des familles ont annoncé avoir acquis auprès d'IMF. Cependant, la vente ou la vente de ressources n'est pas utilisée pour immobiliser des actifs afin de s'adapter aux chocs climatiques tels que les dommages à la récolte et la perte d'animaux ou de pêcheries, environ 4,8 % des familles ont offert leurs animaux pour financer le malheur des biens provoqué par des événements catastrophiques. L'examen mentionné précédemment mérite une réflexion prudente. Dans l'aperçu, les familles sont approchées pour indiquer comment elles ont supervisé les actifs pour s'adapter aux chocs. En conséquence, les méthodes de survie reflètent les choix de soutien utilisés par les familles après les chocs, l'examen ne reflète pas les effets des chocs sur divers aspects de la prospérité des familles comme l'utilisation et l'offre de travail, même à court terme. Comme la grande majorité des familles ont révélé qu'elles ne pouvaient pas s'adapter au mal et aux animaux domestiques ou au malheur de la pêche, ce qui pourrait avoir des ramifications considérables pour la prospérité de la famille, comme une diminution des coûts d'utilisation ou l'acquisition à des frais de prêt exorbitants pour suivre leur niveau actuel. d'utilisation.

L'effet quelque peu faible des chocs climatiques sur l'utilisation alimentaire de la famille nécessite une explication supplémentaire. Dans cet article, les facteurs de choc climatique sont estimés au niveau de la famille, à la lumière de la perspicacité auto-annoncée des familles. L'expérience des chocs se déplace entre les familles à l'intérieur de la région, en fonction de la superficie de la zone agricole et de la propriété des familles, qui n'est pas entièrement réglée. Dans l'examen expressif, nous montrons que le taux de chocs n'est pas soumis au niveau d'abondance des familles, ce qui recommande l'arbitraire des occasions climatiques. Étant donné que toutes les familles d'une région donnée ne subissent pas de tels chocs au cours d'une période donnée, les éléments de protection occasionnels tels que l'obtention de voisins ou d'IMF peuvent en tout cas jouer un rôle important dans la défense de l'utilisation des familles. Dans les zones rurales du Bangladesh, par exemple, 16,2 % et 27,2 % des familles s'adaptent séparément aux dommages matériels et matériels, en acquérant auprès de diverses sources (par exemple, des IMF, des prêteurs formels et occasionnels).

Les chocs climatiques, par exemple les inondations, les typhons, les saisons sèches et les précipitations excessives influencent de manière antagoniste la création agricole et les exercices financiers dans les régions rurales. Une part énorme des familles vivant dans les régions de province sont soumises à la création agricole pour leur travail. Ainsi, leur prospérité financière repose essentiellement sur l'événement et le degré de telles occasions antagonistes. Les dangers de tels chocs climatiques sont beaucoup plus élevés dans les zones géologiquement éprouvées. Sans la moindre trace d'instrument formel de protection, les familles dépendent souvent de techniques occasionnelles de protection ou de survie. Ces chocs aggravent la faiblesse des familles à l'indigence et diminuent leurs possibilités de sortir de la misère. Pour planifier un cadre de retraite géré par le gouvernement conventionnel pour protéger les familles des effets monétaires négatifs de tels chocs, il est important d'avoir une compréhension sans équivoque de l'effet de ces chocs juste et carré de la prospérité.

Ce chapitre évalue l'effet de divers chocs climatiques sur les proportions de prospérité financière basées sur l'utilisation dans des zones rustiques éloignées, sujettes aux événements cataclysmiques. Nous observons que l'utilisation alimentaire des familles rustiques est dans une certaine mesure garantie contre les chocs climatiques, mais ce n'est pas vrai pour l'utilisation non alimentaire. On voit que les familles qui ont subi un choc climatique au-delà de 1 an du bilan ont économisé sur des choses non alimentaires contrairement à celles qui n'ont pas subi de tels chocs. Nous rapportons en outre que les chocs climatiques influencent de manière antagoniste non seulement l'utilisation non alimentaire des familles les moins fortunées, mais également celle des familles modérément plus riches dans les régions éloignées du Bangladesh.

Chapitre 6 Comment les ménages font-ils face au changement climatique et s'y adaptent-ils ?

Les mouvements provoqués par l'environnement ont régulièrement été considérés comme un travail ou un processus étape par étape pour survivre dans des conditions environnementales hostiles et scandaleuses. Bien que les éleveurs aient souvent recours à la délocalisation, soit pour améliorer les sources de rémunération, soit pour faciliter l'utilisation, le mouvement joue un rôle beaucoup plus important à jouer en tant que technique de transformation. L'examen actuel a évalué l'impact du discernement des changements environnementaux sur le mouvement des agriculteurs. De plus, l'engagement de la relocalisation dans l'amélioration de la limite polyvalente des éleveurs en augmentant leurs capacités monétaires et l'information sur l'innovation agricole actuelle a été disséqué. Certains proches pourraient choisir de déménager. En ce qui concerne les circonstances financières, l'âge du chef de famille, le nombre d'individus masculins dans la famille et la proportion de dépendance améliorent la prise de conscience des attentes des autres vis-à-vis du soutien des sources d'occupation familiale et, de cette manière, ont un impact décisif sur le mouvement des éleveurs. Les éleveurs instruits sont plus disposés à déménager car ils connaissent les avantages et les portes ouvertes accessibles ailleurs. En outre, la taille des terres affecte la relocalisation des éleveurs. La possession est également un mouvement de réflexion important. Une énorme taille de ferme et une responsabilité pour l'augmentation de la rémunération rurale des terres, ce qui peut aider à lisser l'utilisation et à répondre à d'autres nécessités. Corrélativement, les agriculteurs et les éleveurs minimes et de petite taille travaillant sur des terres louées ont un sentiment de fragilité plus élevé et donc une plus grande contrainte à déménager.

Les familles contrastées et non mobiles, les familles de ranch qui déménagent, concèdent une meilleure utilisation des conseils, de l'information et de l'innovation basés sur l'environnement et les administrations d'augmentation de l'horticulture, par exemple, les données des divisions météorologiques, les responsables des domaines ruraux, polyvalents, les journaux et la télévision. Les familles de ranch qui déménagent ont pour la plupart un niveau de variation plus élevé et sont mieux équipées pour entreprendre des techniques de transformation sérieuses de l'information, du capital et des actifs en raison de la réception des règlements des individus de la famille qui déménagent. Les familles qui ne bougent pas obtiennent des externalités positives en raison du débordement. De manière générale, l'examen démontre que les familles qui déménagent bénéficient d'un quasi-avantage sur les familles qui ne déménagent pas en ce qui concerne la limite polyvalente. Pour comprendre en outre le mouvement comme une technique de variation, les différences de revenu net entre les familles qui déménagent et celles qui ne déménagent pas doivent être étudiées.

Du point de vue de la stratégie, l'accent devrait être mis sur la promotion du lien entre la diminution des risques, l'amélioration et la limitation du travail dans les régions rustiques. L'autorité publique devrait s'efforcer d'établir des choix d'emplois délicats non environnementaux pour augmenter le salaire familial du ranch et améliorer la limite polyvalente. De plus, la construction et la préparation de limites sur les techniques de variation sérieuse de l'information sont nécessaires dans les régions provinciales. Des stratégies devraient être encouragées pour soutenir et renforcer les organisations interpersonnelles par le biais de la coopération locale afin de mettre à niveau la transformation basée sur les groupes qui se rapproche.

Chapitre 7 Les exportations de biens et de services atteignent-elles les populations dans les zones vulnérables au climat

L'importance des colonies transitoires à la lumière des paris liés à l'environnement et de leurs effets sur les populations a fait l'objet de quelques examens dans l'écriture. Deux modèles se présentent. Le premier admet que des efforts insuffisants ont été déployés pour comprendre le travail des colonies au milieu d'événements catastrophiques. L'explication principale est qu'en cas d'événement catastrophique, les organisations du conseil limiteront généralement la capacité des colonies de voyageurs. L'explication suivante est que les examens actuels ont utilisé des techniques économétriques pour évaluer les impacts des colonies de voyageurs au milieu de la calamité, sans tenir compte des discernements des populations. Par conséquent, ces enquêtes expriment peu de choses sur les bénéficiaires des établissements transitoires, les déterminants de ces établissements et la manière dont ces actifs supplémentaires aident les réseaux à se remettre des chocs environnementaux. Il montre que la compréhension du lien entre les colonies de voyageurs et la faiblesse et la force de la famille inclut les emplois de ces actifs dans les routines quotidiennes des familles. En tant que tel, il comprend la compréhension de la manière de se comporter des colonies au milieu de l'urgence environnementale et son effet sur les systèmes de transformation familiale.

Ainsi, les familles utiliseraient les actifs obtenus pour augmenter la faiblesse précédente et adopteraient des méthodes de travail irréversibles pour investir des ressources dans les ressources afin d'augmenter leur capacité à devenir plus fortes de manière économique. Ce premier modèle s'ensuit que la compréhension des techniques de survie et du travail des colonies transitoires est d'une importance vitale pour tenter de lancer des programmes de lutte contre les événements décroissants et cataclysmiques. Il est évident selon ce point de vue que les populations sont tenues de donner des données sur leur état de faiblesse et de valoriser les estimations défensives qu'elles adoptent. Quoi qu'il en soit, la plupart des programmes d'aide sont imposés aux individus sans tenir compte de leurs idées.

Le deuxième modèle suggère d'adopter une méthodologie émotionnelle qui réfléchit aux discernements, aux besoins et aux avantages des populations et aux sérieuses limitations auxquelles elles sont exposées. Ces études suggèrent que ce type d'exploration permettrait aux populations de base de présenter les résultats des règles qu'elles considèrent comme essentielles. De cette manière, la méthodologie abstraite pense à la coopération des populations de base pour faire des choix concernant leur avenir.

En outre, les écrits sur le mouvement du travail considéraient la réinstallation comme un moyen choisi de réduire la faiblesse de la famille en matière de salaire, de nourriture, de bien-être et d'autres fragilités humaines. Ainsi, l'installation, qui est le résultat essentiel de la relocalisation, peut directement influencer la capacité de la famille à être moins impuissante face aux chocs et à la polyvalence. Se concentre sur le spectacle que le mouvement est un système au niveau familial qui leur permet de propager le pari des facteurs de stress naturels et éventuellement de fabriquer une limite polyvalente. Un examen antérieur a montré comment les colonies de voyageurs pouvaient aider les familles de passage et les réseaux naissants dans les régions faibles en terre en rassemblant des fonds de réserve et en créant des ressources ; mise en valeur du travail.

Les colonies de voyageurs ont également développé l'accès à la nourriture à travers les saisons; l'obtention de nouvelles informations, capacités et atouts, la création, l'expansion et la fusion de communautés informelles dans tous les districts ; ou donner un filet de bien-être au milieu d'événements climatiques scandaleux. Par conséquent, les colonies qui amènent les familles à voir l'effet, la faiblesse et la force de l'environnement d'une manière inattendue. Nous pouvons accepter que les familles qui obtiennent des transferts d'argent soient moins à risque pour l'environnement, pas tellement sans défense, mais plutôt plus polyvalentes face aux catastrophes écologiques que les familles non colonisées. Il y a deux présomptions dans cet écrit. Selon le penseur positif, les colonies sont censées aider les familles dans les méthodologies adaptatives et s'attendre aux effets d'événements catastrophiques plus tard. Deuxièmement, la vision la plus inquiétante soutient que les familles qui déménagent et envoient des colonies ont négligé de fabriquer des systèmes adaptatifs solides.

En ce qui concerne la preuve observationnelle, des études ont conclu que les colonies augmentent essentiellement au milieu d'une urgence monétaire, de conflits politiques et de catastrophes. Dans ce point de vue, utilise l'examen d'observation pour analyser l'effet des établissements inconnus et quelques facteurs différents (guide inconnu, obligation, ressources humaines, expansion et rémunération) sur l'assouplissement des besoins dans 39 pays, y compris le moyen inférieur, le moyen supérieur, et les grandes nations salariales. Ils constatent que l'augmentation des revenus entraîne une réduction de la misère.

Dans les grandes lignes, il existe un accord en développement selon lequel les colonies sont un élément important de l'ex-présent pour aider les familles à s'adapter et à se remettre des débâcles. Les quelques examens précis qui ont enquêté sur le rôle des colonies dans les crises et la récupération de la débâcle recommandent aux voyageurs de répondre plus rapidement que les guides mondiaux aident les membres de leur famille. Par exemple, montrez qu'au Sri Lanka, les voyageurs ont été essentiellement plus rapides que le gouvernement pour soutenir leurs familles à l'heure du torrent de 2004. De même, lors du raz de marée de 2004, on constate que le temps de récupération des bénéficiaires de l'installation à Aceh, en Indonésie, a été plus rapide que celui des non-bénéficiaires.

De plus, découvrez que les familles bénéficiaires du règlement étaient moins faibles après le tremblement de terre du Nord-Pakistan de 2005 que les non-bénéficiaires.

du règlement pouvaient réparer et refaire leurs maisons plus rapidement que les personnes qui n'avaient pas approché ces biens.

De plus, l'étude suppose que les établissements de voyageurs ont renforcé la polyvalence des bénéficiaires lorsque certains non-bénéficiaires ont cédé leurs ressources pour s'adapter au choc. Quoi qu'il en soit, soulignant la dépendance à l'égard des colonies, note que dans les principaux mois qui ont suivi la vague de 2004, les familles subordonnées des colonies ont été fondamentalement aussi touchées que les personnes qui n'ont pas obtenu de colonies dans la plupart des quartiers ne pouvaient pas répondre à leurs besoins d'utilisation quotidiens. Cette perception montre que l'impact des règlements des voyageurs sur la faiblesse n'est pas homogène parmi les bénéficiaires. Il dépend du niveau de dépendance et, par la suite, changerait d'un pays à l'autre. Plus les administrations gérées par l'État travaillent avec les organisations par l'intermédiaire desquelles les colonies sont conclues, plus l'impact le plus non couvert serait critique.